U0241533

PLANTES SORCIÈRES

大自然的精神

对于我们普罗众生而言，世俗的生活处处显示出作为人的局限，我们无法逃脱不由自主的人类中心论，确实如此。而事实上，人类的历史精彩纷呈，仿佛层层的套娃一般，一个个故事和个体的命运都隐藏在家族传奇或集体的冒险之中，尔后，又通通被历史统揽。无论悲剧，抑或喜剧，无论庄严高尚、决定命运的大事，抑或无足轻重的琐碎小事，所有的生命相遇交叠，共同编织“人类群星闪耀时”的锦缎，绘就丰富、绚丽的人类史画卷。

当然，这一切都植根于大自然之中，人类也是自然中不可或缺的一部分。因此，每当我们提及“自然”，就“自然而然”地要谈论人类与植物、动物以及环境的关系。在这个意义上说，最微小的昆虫也值得书写它自己的篇章，最不起眼的植物也可以铺陈它那讲不完的故事。因之投以关注，当一回不速之客，闯入它们的世界，俯身细心观察，侧耳倾听，那真是莫大的幸福。对于好奇求知的人来说，每样自然之物就如同一个宝盒，其中隐藏着无穷的宝藏。打开它，欣赏它，完毕，再小心翼翼地扣上盒盖儿，踮着脚尖，走向下一个宝盒。

“植物文化”系列正是因此而生，冀与所有乐于学习新知的朋友们共享智识的盛宴。

塞尔日·沙

PLANTES SORCIÈRES

巫术植物

[法] 利昂内尔·伊纳尔 著

张之简 译

生活·讀書·新知 三联书店

目录

前 言

行善或行恶的巫术植物都已经消失了吗？关于这类植物的流言蜚语蔓延了数千年之后，其中大部分植物已被药房收编，其他诸如大麻和罂粟则转入了地下流通。在如今的顺势疗法中，人们使用这类植物来配药，诸如欧乌头9CH（CH是顺势疗法中的药物稀释单位，为山姆·赫尼曼所创，1CH为1剂量的药物与99倍的溶剂混合一次，2CH为一次稀释后再次与99倍溶剂混合，以此类推。——译注）、颠茄9CH、毒参5CH等，不过现在用以配药的剂量控制得非常严格，不会对患者造成任何风险。然而，很多这类药物曾经与巫术有染。为何它们大多都与魔鬼搭上关系，难道是配制过程不可见人？它们的能力从何而来？人们发现很多茄科植物都具有致幻的作用，个中的佼佼者有龙葵、曼陀罗、天仙子、茄参等。植物疗法的教科书警告人们说，对这类植物要“谨慎使用”。至于秋水仙、毒参、毛地黄等尤其危险的植物，19世纪的医生曾建议“切勿用手去接触”。在古代，这类植物一直被术士、占卜者、魔法师所使用，他们通常为了达到不可告人的逐利目的，给人烙下了恐怖的印记。在罗马和雅典，用这类植物下毒是司空见惯的事情，这被人们称为改变命运的另一种手段。在欧洲，有一个时期发生了大规模杀戮女巫的血腥暴力事件。有些所谓的魔鬼附身论著里对这些邪恶不吉利的植物有所提及，并且认为，不管什么人使用这些植物，即使出于治病的目的，也建议判处火刑。当时没有得到医管部门认可的镇痛药，如鸦片药水或茄参汁，虽然可以用来有效地抑制疼痛，但当局仍然不予通融。

巫术植物为占星师、魔法师、炼金术士、德鲁伊、降示神谕的皮媞亚（druides，古代凯尔特部落的祭司；pythies，古希腊太阳神庙的女祭司。——译注）专有，它们似乎总有些秘密要向我们倾吐。所谓的神奇植物并不总是与巫术有关，它们通常与迷信紧紧联系在一起，不过在当时的人看来，巫术植物与神奇植物是一回事，它们都具有不可思议的法力，而且常常是不吉利的。在其他地区，有些植物虽然不为我们所认识，但它们却可用以退烧、治疗多种疾病或与先人沟通。这些植物也是巫师、萨满和巫医所专用的。然而，它们就因此成为有益于人类的植物了吗？在回答这个问题之前，我们似乎应该倾听来自民间智慧的见解，尽量理解“巫师”这个词在不同的国家和地区所代表的不尽相同的意义。

巫术植物

远自蒙昧时期

巫术探源

两个人肩并肩地走在路上，有一只狗尾随着他们。他们的身影隐隐约约地出现在漆黑的深夜。其中一人头戴宽边帽，另一个人戴着兜帽，身材较矮小却更加结实，他用绳子牵着这只狗。年纪大的那人手持拐杖，年轻壮汉手拿袋子和铁锹。他们走到一个绞刑架旁边停下脚步，眼前是一具挂在阴森的绞架上没皮少肉的尸体。他们嘴里嘟囔了一阵，没人能听清他们在说什么，似乎在说某种咒语。突然从灌木丛里飞出一只受惊的山鹑。年轻壮汉开始在绞架下挖土，才挖了几下，便扔弃铁锹，走向那只瘦弱的小黑狗，年纪大的那人警惕地向四周张望。年轻壮汉用绳子缠住狗尾巴，打上三个结。年纪大的那人从口袋里掏出一只匣子，又从里面取出几个手指大小的蜡块。他们两人都用这些蜡块封住耳朵。年纪大的那人走近挖土的地方，抓住绳子的另一头，把它系在一簇树叶上。接着，他举起拐杖，指向天空。他的脸开始抽搐，嘴里说着难懂的词语，并手舞足蹈起来，向着无形的力量祈求，而后在地上画了几个圈儿。年轻壮汉走开，向狗吹口哨。这

小心翼翼地采集曼德拉草：古老的魔法书声称，这一活动需要专业技巧。

只可怜的狗用力拉动绳子，拽出长长的棕褐色的植物根茎。狗儿向前颤巍巍地走了几步，栽倒在地上，年轻壮汉随即把狗尸装进了袋子。这天正是公元1444年圣约翰之夜（基督教节日，每年6月24日庆祝。——译注），夜空繁星点缀，两人的身影渐渐远去，隐入山谷。

这个故事来自某本尘封的魔法书，名为《采集人精草的最佳方法》[anthropogonique，由anthropo（人）和后缀gonique（gonia，代表起源、生殖）构成，传说曼德拉草依靠吊死男子的精液滋养，故译为“人精草”。——译注]。人精草更广为人知的名称叫曼德拉草[mandragore，中世纪传说中具有神秘色彩和魔法能力的草药，一般认为是茄参（Mandragora officinarum），为还原原作的历史色彩和神秘感，本书中对mandragore一般采用“曼德拉草”的译法。——译注]。

一说出这个词，便让人眼前浮现出沸腾的蒸馏瓶、熬煮魔法药水的小锅、装满骨骼粉末的瓶瓶罐罐，仿佛完全置身于各种致命的、具有魔力的、迷幻的、具有报复心和“惩罚力”的植物世界，换句话说，就是巫术植物的世界。

那么巫术从何时开始使用植物的呢？人类什么时候懂得从花朵、枝叶、果实和根茎提取其所蕴藏的功效的呢？是谁第一个使用了这种能够沟通精灵、驱使神力的药剂？在回答这些问题之前，我们应

巫术与人类的历史一样悠久，出现于所有的古老文明当中。

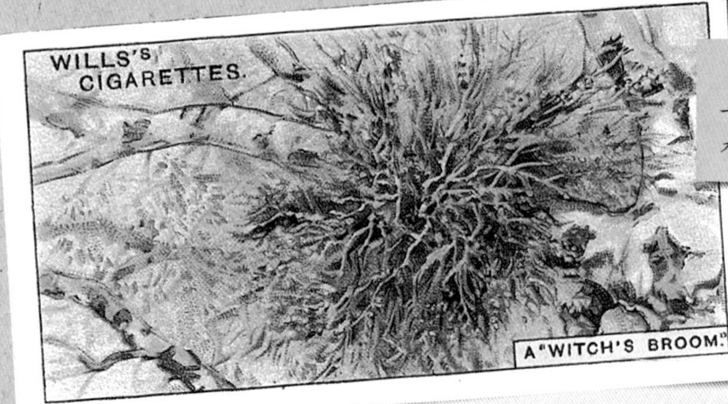

"巫婆的扫帚"：一种奇妙的植物。巫术的确到处可见。

该对巫术追根溯源，探寻古希腊、古迦勒底、古埃及甚至更久远的最早治病的术士。在现在的比利时和波兰地区，人们曾经在公元前 6000 年的新石器遗址中发现了罂粟籽……

隐秘的世界

很久以前，人类就渴望超越自身能力的限制，在隐秘的世界里接触那不可见的事物。最早的巫术正是在这个无形的世界里大展身手的。巫术（magie）这个词十分常用。它来源于巴比伦祭司，这些祭司的法术众多，包括占星术和手相术——通过解读手纹来预测未来之术。祭司还会炼金术，能预测未来、表演魔术和解梦。由神秘的力量显明的异象有其光明的一面，如三博士在东方观看星象便知道，有一位"生下来作为犹太人之王"的圣婴：耶稣将要诞生。然而作为巫师，他的形象十分复杂，他既阴暗而令人不安，也能预知未来，因为巫师这个词来自拉丁语"*sortiarius*"，意为预言命运和招魂问卜

1169. Afrique Occidentale - SOUDAN - Région de SÉGOU - Tam-Tam de griots

拥有知识就高人一等，这个论断总是值得思索。

的人。巫师还被叫作“enchanteur”（行妖术者），字面意思为呼喊和哀悼者——跟魔法师梅林（传说中亚瑟王身边的魔法师。——译注）可大不相同。《魔法纸莎草书》中断言，巫师有时会成为腹语者。他们神不知鬼不觉地施行巫术，对自己的能力非常自信，既能行善也能作恶。他们能治病疗伤，也能置人于死地，还能呼风唤雨引来大冰雹……人们对他们敬而远之。他们行魔法，用妖术魇魔人，但也会救死扶伤。数千年间，巫师成为贪求秘术奥义者的主宰。在当今理性主义大行其道的西方，他们仍然暗中活动，担心遭到报复和告发：他们并未忘记过去曾经付出的沉重代价。在非洲、美洲和其他大陆，他们是受当地人尊敬的萨满和通灵的巫医。在世界各地，他们都保持着一种神秘感，成为非理性和巫术的最后代表。

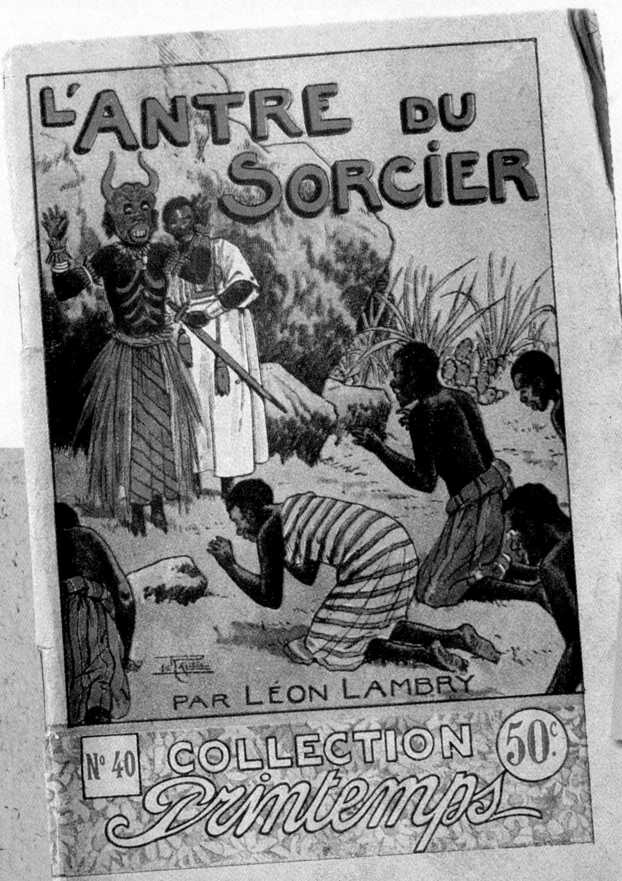

巫师熟悉那些让人感到惊叹的植物。这是以另一种方式表达我们对于超自然的迷恋。

巫术的发端

巴比伦，巫术的摇篮

历史学家认为某些游方者冒用迦勒底人（Chaldéen）的名头，因为这个名头代表着拥有丰富秘术知识的人。古巴比伦祭司是著名的占星家。他们熟悉岩相学，善于制作各种护身符，如有必要，他们还可以担任驱魔人。古巴比伦泥版上记载有所谓的“卡沙布”（Kachâpou），这个词念起来有点像阿道克船长（阿道克船长是连环画《丁丁历险记》中的人物。——译注）的骂人话。他们滥施法术，对人下咒。古巴比伦文献中记载的刑罚报告说，被告必须接受河流的裁判。河流是代表神意的法官，在巫术的历史中它的出场屡见不鲜。被告被扔进底格里斯河，如果他是无辜的，只有河神能救他。公元前8世纪，亚述文献声称世上存在鬼魂和

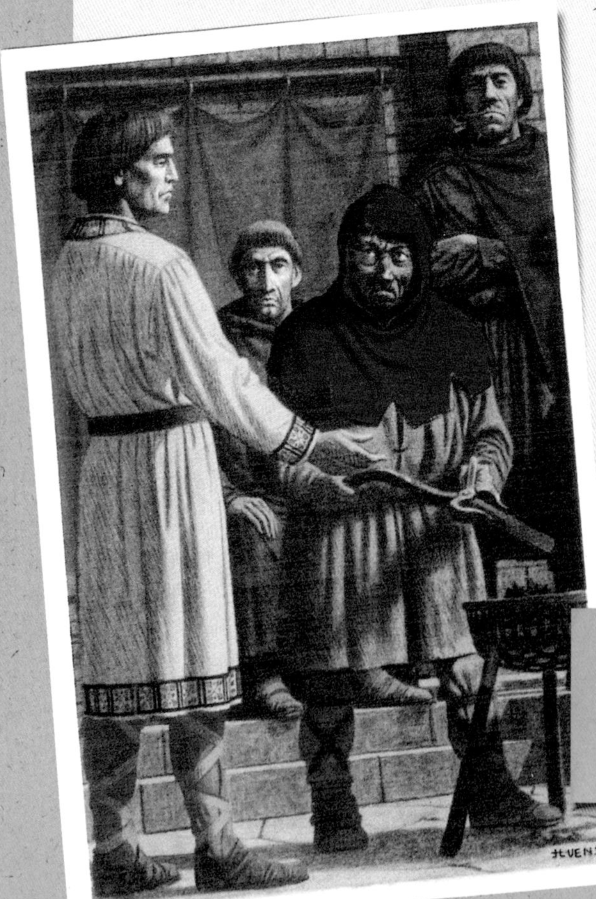

神意裁判有几种形式，左图中是使用火来进行审判。对女巫的审判使用冰水。

幽灵，它们在痛苦中游荡，人们务要提防众多的邪灵。有些魔鬼被描述得活灵活现，比如帕祖祖和拉玛什图，这两个可怕的妖魔会攻击妇女和儿童。

古巴比伦人迷信巫术，崇拜鬼神偶像，常常寻求巫师，祈求巫术之神厄亚［Ea，美索不达米亚神话中的神，在苏美尔文献中被称为恩基（Enki）。——译注］的神力，以及使用护身符、辟邪物或者写有守护文字的泥版来对抗所谓的邪灵。

印度的甘露

在印度教经典《阿闼婆吠陀》和《梨俱吠陀》中，甘露（soma）来自印度教神话中的月神。在梵文中，这个词表示汁露，一种神仙饮用的长生不老药和神酒，让他们在神巫仪式中通晓神圣智慧，窥见绝对知识的门径。有百余首圣诗歌颂甘露。直至今天，印度人仍然从某些植物材料中［小斑肉珊瑚（Sarcostemma brevistigma）、大麻和蛤蟆菌］提取所谓甘露。

魔法、巫术和宗教之间关系密切

为了区分魔法、巫术和宗教这三者，历史学家安德烈·贝尔纳（André Bernard）建议使用如下定义。宗教中的仪式可预料、明确、公开地进行；在巫术和魔法中，仪式无法预料，混乱而隐秘。教士为所有人代言，而巫师只为自己代言。

埃及是多种魔法的故乡

古希腊巫师一定是继承了古埃及同行的知识，因为古埃及巫师掌握着安抚诸神和战胜魔鬼的技术。在神秘主义气氛浓郁的古埃及，魔法和黑暗的世界甚嚣尘上，因此无论是古希腊人、迦勒底人还是古罗马人，贤士还是哲学家，都常常到埃及众多的神庙图书馆里查找他们需要参阅的大量秘术图书。古埃及的巫师会制作各种护身符，声称可把疾病从人的身上转移到动物身上，甚至经常驱使神仙保护凡人。而古埃及的先知作为一个特殊的阶层，他们依附于掌管医事的祭司，负责制作祛病的符咒。因此，古埃及的医疗、魔法和宗教之间存在着紧密而复杂的关系。

在古埃及，为了严守秘密制作药物，通常在伊西斯神庙里进行。他们所使用的植物都与诸神有密切联系。因此，欧夏至草——对呼吸道具有特效的草药——专门用以奉献给荷鲁斯神。

神、魔鬼、动物（猫、甲虫、鹰、鼩鼱……）甚至亡者都与神秘活动有关。

莎草纸文献显示，全民参与巫术活动，当然有的人会成功，也有的人不那么成功。任何时候

在古埃及，欧夏至草用以献给荷鲁斯神。

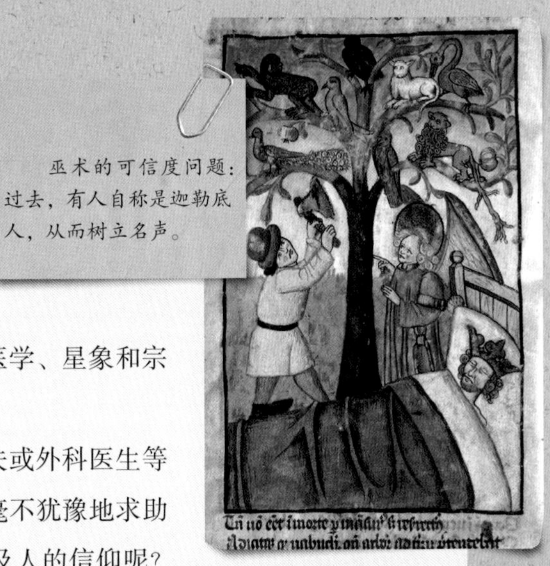

巫术的可信度问题：过去，有人自称是迦勒底人，从而树立名声。

都能求助于圣书的阅读者，他们与祭司不一样。因此，他们中既有日子过得相当滋润的巫师、魔法师，也有掌握医学、星象和宗教知识的大师。

人们可以清楚地看到，大夫或外科医生等职业所具有的复杂性，他们会毫不犹豫地求助于魔法或巫术。如何评价古埃及人的信仰呢？他们虽然掌握了科学技术，不过其中有些内容仍未能摆脱神秘的面纱。古埃及人不仅建造了金字塔，还知道如何制作眼药水、药丸、栓剂、药膏，会把脉搏，但是医生们仍然认为，疾病是对人具有敌意的生灵造成的。

长生药配方

（摘自埃贝斯莎草纸文献）

未来的门徒向诸神祈求赐下长生不老，而后喝下草汁制剂，最后祝祷曰："愿吾一人登天际，四处搜寻无遗漏。"文里描述了如何运用法力与神沟通，如何通过祈祷来成圣。接着降示门徒要为通往天际做好准备。以下是举行圣甲虫仪式时，主祭应遵循的指示。

"取一只有十二道光线的太阳圣甲虫。把它置入一只泡碱和硫黄做的深罐里，把莲子捣碎掺和蜂蜜做成小饼，在新月之时投入罐中。你马上可以看到甲虫爬到饼上啃起来，它吃完饼就会死去。把它取出罐子，掷入一只盛有玫瑰油的玻璃杯中。"

随后而举行的是其他各种祝祷和仪式，需要使用没药、蚕豆，要让蚕豆发芽，并采摘名为 centritis 的植物……实际上，这份长生药方列出十数种工序，依次用到书写、咒语、多次献祭、占卜，还有在十日之后的新月之时所要使用的圣甲虫。

6175 SCÈNES ET TYPES. — La Recolte des Dattes. — Les Regimes.

治疗脱发:"取猎兔狗的爪子、海枣花、驴蹄,把这些东西放在盛油的容器里研磨,直至完全化而为一,然后搽在头上。"

古代巫术

古希腊,巫术的土地

如果说哪一个国家存在巫术的强大势力,那就是古代希腊。古希腊存在三种巫师:术士、哭灵人和药师,虽然他们也归属于不同的等级,不过在下咒和制作简单药剂方面,他们所具有的技能有所交叉。那些在街上摆摊做生意的则是巫婆。

简略介绍

术士

他召唤神仙和亡灵,主持祭神,懂得解梦。他会变戏法,夜里居无定所，有时免不了乞食。他还会治病，懂得医术。虽然他靠着念咒帮人治病疗疾，获得了一些名头，不过真正的医生把他们视为江湖游医，因为他们并不会判断病症。

哭灵人

他专擅挽歌，在哀悼和哭祭时大展身手，有点像哭丧妇。他们懂得火焰、飞行等幻术，参加秘密教义的聚会和仪式。他们会施魔法，应人所求制作蜡人和春药，会行使结绳咒（ligature，是一种通过在绳子上打结来对人下咒的巫术。——译注）。

药师

pharmakos是一个多义词，意为某种人或药物，也指某种致死人的饮料或毒药，甚至是制作这种毒药的人。药师似乎在巫师的等级地位中最低下。他懂医术能治病，能使用植物的魔法能力和防病能力。他制作各种药物，当然这是指各种草药合剂，而不是危险非法的物品。他会制作膏药和镇静剂，也可能会制毒害人，他还懂得在给人下药时念的咒语。

在古希腊，pharmakos还指替罪者，通常被判驱逐和流放。

替罪者

pharmakos 这个词还有另一个意思，是指在游行仪式中负责为全城抵偿罪责的人，被驱逐出城市的替罪羊。历史学家声称，替罪者是在窃贼和罪犯中挑选出来的；他通常因丑陋被人藐视、被人厌弃，地位卑微。“两名替罪者佩戴着无花果干项链（根据他们所扮演角色的性别不同，而分别佩戴黑色的或白色的）在全城游街：人们用风信子的球茎、无花果树枝和其他野生植物拍打他们的阴部，然后把他们驱逐出城；可能最早的时候他们被判石刑处决，烧掉尸首，挫骨扬灰。”引自韦尔南：《古希腊的神话和悲剧》

雅典市场上的巫术店铺

古希腊的巫术摊子可以满足人们的各种需求，它能让人陷入诱惑，也能让人中魔。人人都能购买符咒、魔法护身符、爱情灵药、色萨利草药、毒药贴。这些巫婆也出售香料，偶尔给人念咒。人们因为一些“小事情”而求助于巫术，比如在赛场上削弱竞技对手，或是让演说家口吃。

在古希腊，女巫非常吃香，人人都能要求她施法。

泰奥弗拉斯托斯笔下的迷信者

当然，无论在任何时代，只要有人捧场，巫师及其同党就能存在下去。迷信者总是有所求又轻信的人。

“迷信者是这样的人，他口含月桂枝走出神庙，就这样闲逛一整天。若是有只鼬鼠穿过马路，他一定要往鼬鼠跑过的路线扔三枚石子，然后才敢继续往前走。当他从路口涂油的石碑前路过时，他要把瓶子里的油都涂上，跪拜之后才肯离去。若是走路时听到猫头鹰叫，他便会即刻激动起来，在继续往前行进时，一定会祝祷：‘雅典娜最强大。’每个月的4日和24日，他会命令下人准备热葡萄酒，之后，他要出门买香桃木树枝、乳香、圣饼，回家后用整整一天时间为赫马弗洛狄忒斯［赫耳墨斯与阿弗罗狄忒之子，阴阳神。他原是一位英俊少年，被湖中的水仙萨耳玛斯爱上。她祈求诸神令她永远与赫马弗洛狄忒斯在一起，遂变成了异性同体。——编注］的神像戴上桂冠。若是夜间做梦，他一定要找个解梦或占卜的神汉，问问他们，自己该崇拜哪路神仙。如果在十字路口遇上戴大蒜顶冠的人，他回家后将把自己全身浸在水里，请女祭司到家里

结绳咒（ligature）导致身体某部分或某器官丧失功能。通常针对生殖和性器官，需要用到茴香这类导致不育和流产的植物。

结绳咒

这是一种可致人丧命的法术。魇魔人要召唤恶魔之力。他发起癫狂，口出侮辱伤人的言辞。一旦脱口绝无法收回：扣押、歼灭、羁绊、掩埋、摧毁、攫取、束缚、杀死。然后，巫师谴责将来的受害者，不分青红皂白地指责他严重渎神。

来，让她们用海葱头或在他身上缠绕小狗尸体为他驱邪。看到疯子或癫痫病人，他会吓得浑身发抖，要往衣服褶子里吐唾沫。”

杀死巫师

有些招魂卜卦的巫师甚至敢从坟墓里挖掘死尸，取走头颅、头发、指甲和破碎衣服，以便役使复仇的鬼魂。在魔法和妖术盛行的城邦，当局会立法惩罚这些巫师。

“任何人向他人行使妖术，让他或家人遭到不足致死之灾祸，或让他的牲畜和蜂群遭受致死或未致死的灾祸，如果行妖术者是医生，受人指使做此行径，则要判其死刑；如果行妖术者为普通人，将由法庭决定对他判处何种刑罚和罚款。任何人遭举报或显露行使结绳咒、符咒、念咒等巫术的害人行径，如果他是占卜师，则要判其死刑；如果他不懂占卜，却受人指使行使巫术，则如上文所述，将由法庭决定对他判处何种刑罚和

在古希腊，人们祈求神谕来占卜未来，为了化解预言之事，他们求助于巫师和医生：这两种职业的交融显得非常古怪。

谁能想到我们用于烹饪的番红花竟如何可怕！

罚款。”——柏拉图

可以看到医生被直接定罪，而尝试者和模仿者——就是今天所说的普通爱好者——遭到的处罚较轻。

为了对抗这些巫师和他们的妖术，古希腊人有两种防御方法。

达耳达诺斯的双刃剑

如下所述的一种色情巫术方法出自《达耳达诺斯的双刃剑》。这部书是让人陷入爱情的魔法合集。该方法以如下咒语开篇：“我让某人的心灵为我折服。”巫师在一块石版上雕刻阿弗洛狄忒手持火把的画像。在石版的背面，他刻下厄洛斯的几个字，各自重复八遍。随后，他把石版放在舌头下，念念有词，祈求于神灵：“让某某人回心转意，爱上我。”他又在一片金叶上刻下受到祈求的这位神灵的各种称号。接着他让一只山鹑吞下这枚金叶子，然后杀它祭神。在仪式的最后，他要用碱蒿——某种类似苦艾的植物——叶子浸水泡过的细布条把被杀的山鹑裹起来。

然后需焚烧下列混合而成的祭品：4德拉克马（drachme，是一种古希腊银币和重量单位。——译注）的鸦片，4德拉克马的没药，乳香、番红花、伪没药各半个德拉克马。最后，将无花果干切成小块，用加入香料的葡萄酒喷洒，然后掺入上述混合物中。

潘神成为魔鬼的暂时替身

潘神是半人半兽的物种，象征自然元素的力量。它是一位有须、多毛、长角的神。它长着山羊腿，以铁蹄为脚。头上的角像天线一样接收来自天上的消息。在阐释这个野性之神的众多形象时，教会根据它的属性，指认它为魔鬼。

他们可以求助于宗教，祈求神灵，借助一种官方组织的集体请求神谕的公众仪式，或是求助进行“诅咒祈祷”（Arai）仪式的巫师，在这种巫术仪式中与神灵接触。在古希腊语和拉丁语中有四十余个词语表示护身符的意思。巫术仪式在整个古希腊都十分流行。考古中发现的金版和铅像表明城邦里巫术活动非常活跃；让某人陷入争执，患上疾病，遭到截肢或变成哑巴，惩罚有私情的妇女或让她在睡梦中坦白，报复某个大夫……甚至可以请求巫师纠缠自己所厌恶的人直到地狱。为了对巫术活动进行诉讼和审判，城邦需要很多法官和律师，这两种职业在古希腊异常兴盛。

西西里的迪奥多罗斯眼中的喀耳刻

《荷马史诗》中的女巫喀耳刻钻研各种制药术，发现很多草根具有不可思议的功能和性质。虽然她的母亲赫卡忒教她辨识多种草药，不过她自己探索出更多，因此在发明新毒药方面，她不逊于任何人。

赫卡忒有恶狗护身，例如塞伯拉斯。

赫卡忒、喀耳刻、美狄亚，既是女神又是女巫

巫师最鲜明的代表是女性。在希腊神话中，三位女神是突出的代表。赫卡忒是月亮的象征、巫术的保护神，以三面女神的形象向巫师显灵，她头上缠着蛇，有三对手臂，每对手臂都举着火炬。她有恶狗随身，据说她向世间撒播噩梦。赫卡忒通过献祭的动物把法力传给人类。在走向地狱的途中，她化身为女巫之王。传说赫卡忒教给世人制药术（pharmaka），她把每种毒药下到宾客的菜肴中，检验它们的药效。赫卡忒有两个女儿，名叫喀耳刻和美狄亚，她们都擅长下毒。美狄亚住在女巫王

赫卡忒的草圃

她的草圃里种满各种药用植物，里面有阿福花、车前子、美丽的铁线蕨、曼陀罗、油莎草、弱不禁风纤细的马鞭草、龙口花、芥菜、紫色的仙客来、薰衣草、芍药、茂密的罗勒、茄参和香科科；有毛茸茸的白鲜、香喷喷的番红花和豆瓣菜；还有囊果草、穗菝葜、果香菊、罂粟、牧葵、帕那刻亚之草（panacée，并非现实中的一种植物，而是传说能治百病的植物。——译注）及白色的铁筷子等。

引自无名氏：《阿耳戈英雄纪》

在赫卡忒的草圃里一定要谨慎，药草可能具有双重性质，有些具有强烈毒性，甚至能致人死亡。这是对女巫们设下的圈套。

国色萨利,用一把魔法镰刀采集巫术草药。她不停地寻找有害的草根,制作让人不惧怕火焰的魔法药剂。

采摘巫术植物

虽然希腊出了名的植物种类十分丰富，不过有两个地区的药用植物和巫术植物之丰富，久负盛名，它们是阿卡迪亚和拉科尼亚。辨识植物的知识毫无疑问是神的馈赠。首先要与附身在植物上的神灵、妖怪和魔鬼进行沟通，向它们恳求，以获得植物的最强功效。采摘植物被视为一种冒犯,因此务必举行某种仪式,绝不能贸然为之。

第一步，要保持纯洁端正。采摘巫术植物者务必净体沐浴。例如要采摘某些植物，一定要赤足禁食，甚至需要赤身裸体，一丝不挂，头发上不能扎一根丝线或绳结，以免妨碍采摘者和神灵之间的巫术沟通。毫无疑问还要考虑行星方位和月相。古代人认为，每种植物对应黄道十二宫当中的一颗行星，这颗行星则与某种疾病或身体的某一部位相关。有时候把采摘工作交给儿

诚实的女巫会告诉你，蜀葵要用小金镰刀来收割。

童，因为儿童是纯洁无瑕的。

当时的人相信，植物是被附体的，有灵魂，是能够听到、看见甚至会反抗的生命。据说植物会要很多花招保护自己：它能蜷缩起来，让人抓不住，还能散发毒气让采摘者敬而远之。正确的采摘方法是，靠近植物时不要处于下风口。采摘者要保持绝对安静，一边向植物致敬，一边把它拔出来，还要在地上画一个或几个圆圈，让自己成为植物的主人。

需要采摘的植物不同，所用的工具也不同：采曼德拉草要使用象牙杆，采蜀葵要用金镰刀，拔车前子时要用左手。有时候为了避免手触碰植物，只能用牙齿咬。采摘巫术植物，也有可能用到动物。

一旦采摘下来，药草便不能再接触土壤，以免失去功效。

植物的根部与地下世界发生联系，是巫师使用最多的部位，在切断根部前，建议把它暴露在夜晚的繁星下。有很多制备药草的方法，可以把它晾干、捣碎、烟熏、水煮、焖蒸、腌渍、烘烤、焚烧成灰、研磨或压榨出汁。所有这些知识都是通过父子相传，或在极其秘密的巫术研习中进行传授。

夜间采摘

这种植物也叫格鲁库希德（glukusidê），是芍药之一种，务必在夜间采摘；如果在白天采摘，并且在采摘果实时被一只绿色啄木鸟看在眼里，采摘者可能会失去眼睛；如果砍下它的根部，可能导致脱肛。（泰奥弗拉斯托斯）

向植物致敬和祈求

“我现在向你们祈求：啊，所有那些拥有强大能力的药草，我们的母亲特鲁斯（大地女神）孕育了你们并馈赠给所有子民，她赐予子民健康和尊严之药，我向你们祈求，向全人类伸出援手，我双膝跪地向你们恳求，携着你们的功效现身此地……”

引自《大地母亲的祷词》

当时的人相信，植物和人之间存在着强烈的情感联系。据说，只要与植物保持接触，就能获得植物的保护及其他一切功效。迪奥斯科里德斯(Dioscoride，公元1世纪，古希腊、古罗马的医药学家和植物学家。——译注）提到，旅行者从不会忘记随身携带一枝穗花牡荆，用来防止皮肤擦伤和头痛，甚至还能避免被爱情冲昏头脑。

穗花牡荆的别名是“纯洁的羔羊”。

治疗牙疼的处方

在介绍飞廉属植物时，色诺克拉底（公元前4世纪古希腊哲学家。——译注）给出下面的药方。在飞廉的小球（可能指它的花朵）里生有一种小虫，可以把这些小虫与面包放在小盒子里，作为护身符佩戴在牙疼一侧的手臂上，可以立即消除牙疼。只要这些小虫不接触地面，它们的效力最多可以维持一年。

盖伦对咒语功效的认识

“有人肯定地认为，咒语就像老奶奶的故事一样，很久以前我也这样认为；不过，我渐渐地被事实说服，咒语确实有效；因为我在被蝎子蜇过的人身上验证了咒语的效果，还有骨头卡喉的时候，在咒语的帮助下患者立即把骨头吐出来了。”

罗马追随希腊的传统

古希腊与古罗马这两种文明所崇拜的诸神具有相似性。无论在古代的希腊还是罗马，诸神都是日常生活的一部分，它们都有很多缺点，有的时候与魔法和巫术摆脱不了干系。

古罗马人狂热地崇信诸神，但是他们的信仰并没有真正的强制性教义。像雅典的先行者一样，古罗马沉浸在科学、哲学和巫术中，但是他们的信仰大同小异。有人被认为掌握着世界的奥秘，他们是占卜者和巫师，还有人能召唤神灵，他们是魔法师（incantatores）、术士（malefici）、符咒师、受人委托下毒的施毒者（venefici），这两部分人之间有着微妙的区分。占卜者或预言者似乎在古罗马城里占有独特的一席之地，其中有 pyromantii（从火焰中预测未来的人），necromantii（召唤亡灵来预言未来的人）和 hydromantii（依靠水来占卜的人）。还有很多盛极一时的其他专门巫术，例如鸟占术和植物占卜术。拉丁文作者们最早提到一些出没于普通环境下的精灵，特别让我们感兴趣的是“斯特里克斯”（striges，

斯特里克斯是女巫的先驱。它最著名的肖像耸立在巴黎圣母院的顶上，朝我们冷笑。

拉丁文 *strix*，是半狗半女人的吸血鬼。——译注）和“拉米亚”（lamie，是人面蛇身女怪。——译注），这些女妖能借助抹在身上的油膏变身为夜鸟，在房屋里作恶。人们对这类女妖的描述，远远早于对那些飞去参加夜半聚会的女巫。

占卜者逐渐在古罗马城中占据优势地位，最终享有近乎市政官员的身份。肠卜僧和占天官，前者以动物内脏来占卜，后者以观察飞鸟来占卜，他们远离了只会害人的黑魔法。这些占卜者身份显赫，负责预测战役结果和演讲对人民的影响。他们算是某种国务顾问。祈求神谕是司空见惯的事情，得到充分的认可。虽然魔法和巫术关系密切，不过当时的人对这两者有明确的区分，因此它们在古代社会有着不同的地位。务必要防御妖法，为了避免遭到潜在敌人的伤害，人们会先下手为强，这就是当时古罗马城里的氛围。不过佩戴护身符是更好的办法。

权贵、富人和博学者竭尽全力让普罗大众对世事保持懵懂无知。不过，在政府当局内谋不到差事的巫师、术士会在城里摆摊

Sirop LAROZE IODURÉ, le meilleur des dépuratifs.
Dans la Rome antique, des esclaves affranchies vendent des parfums, des fards et aussi des herbes utiles à la santé.

在古罗马，获得自由的奴隶可以从事药物、胭脂和草药生意。这些生意并没有什么见不得人的，不过再次说明巫术和医术之间存在联系。从医术到巫术仅一步之遥。

儿。他们占卜、观星象，贩卖各种咒语符文、魔法草药、春药、巫毒娃娃，他们童叟无欺，收取几个铜板或几枚银币，就卖给老百姓一些无法被掩盖或禁止的东西：希望、神秘和幻想。这样的生意一直延续到公元后一千年。在那时候，人们相信地球是宇宙的中心，在它的外面有八层互相嵌套的苍穹，产生"美妙的天乐"。

无论是名副其实的药学之祖盖伦、名著《植物志》的作者泰奥弗拉斯托斯，还是著名医学家及植物学家迪奥斯科里德斯，他们都赞成使用护身符，支持符咒的效果和植物的神奇功效。编纂家、史学家老普林尼［盖乌斯·老普林尼·塞孔都斯（Gaius Plinius Secundus），一般称为老老普林尼（与其养子小老普林尼相区别），古罗马作家和自然学家。——译注］记录下一些最奇异的事件，他的《自然史》有专门一章介绍巫术植物。这个似乎充满神秘的世界被视为神奇的、活生生的、无法预料的实际存在，一切都可能发生改变，无论是自然物质还是时间、疾病以及每个人的命运。

对神灵崇拜的警惕

在古希腊和古罗马都存在狄俄倪索斯崇拜，崇拜者身披羊皮，放肆痛饮，他们借机狂欢，醉醺醺的男女舞者在聚会中放出自己的

在幸福的古代时期，人们绝没有因为葡萄汁而把葡萄当作巫术植物，对葡萄的利用坦坦荡荡，正大光明。

符咒……对酒神巴克科斯的崇拜源于宗教节日，然而酒神节很快就变成了纵饮狂欢，直到被当局严厉镇压，不过后来凯撒恢复了这一节日。遍布整个地中海地区的伊西斯崇拜，负隅顽抗到公元前3世纪。伊西斯掌管治病救人，据说掌握着生死的秘密。伊西斯崇拜当中夹杂着阿斯塔尔塔（腓尼基的生育女神）崇拜的成分，可以看到血腥的人祭、杀戮儿童，甚至绞刑和十字架刑。这种崇拜虽然后来遭到禁绝，不过流毒甚远。

国家与教会登场

舞台布景已经完成，演员角色也已确定，万事俱备，只等谴责、诋毁和宣判。在15世纪初，欧洲在历史上发生的迫害女巫的“冤案”之前，形势恰是如此。

不过，首先要等教会耐心地准备好猎杀女巫的场地。一场场主教会议、一条条教皇谕旨、一次次火刑，教会揪出撒旦并给它致命一击。《圣经》在《出埃及记》22:18中提到巫师和术士：“行邪术的女人，不可容她存活。”（本书的《圣经》引文均采用《圣经》和合本的译文。——译注）《使徒行传》19:19指出，平素行邪术的，也有许

祛病咒语

这种神秘咒语流行于整个古代地中海地区，它起源于希伯来语，不过也有希腊语和拉丁语的版本。阿布拉克萨斯（Abraxas），这是一个巫术用语，相当于希腊文字的“365”，也就是一年当中日子的数目。巫师将这个字雕刻在宝石上，以形成一个强有力的护符作用。这种护身符可以让灵魂和肉体跨过妖魔鬼怪所设立的障碍。

多人把书拿来、堆积在众人面前焚烧。他们算计书价，便知道共合五万块钱。教会认为，“行使秘术或好奇秘术的人，就是承认撒旦的权威，向撒旦投降。这会导致很多人的不幸”。巫师、占卜术士和魔法术士都是邪恶可憎的。对此，教会及其高层绝无宽待。然而在基督教最初兴起之时，基督徒曾被人视为食人的巫师，控告他们在弥撒中有领圣体的仪式，并且相信上帝和童贞女之子死而复生的故事。后来，教会对这些不信仰耶稣的人回敬以同样的态度。

在新约中人们可以看到，数以千万计的希腊书卷遭到焚毁。一些诗歌和神话歌谣遭到禁止。历史学家居伊·贝克特尔（Guy Bechtel）曾提起一个重要的事实，古代的巫术并不与邪恶捆绑在一起，它只是利用邪恶，这与后来不可避免地变得邪恶的巫术并不一样。“古代巫师并不听命于魔鬼，而是役使鬼神。”因此，我们能明白他们为何以祈使语气与神灵对话。

360 年，在君士坦丁二世统治时期，劳迪西亚公会议通过决议，将从事巫术、魔法、天文观测及占卜活动的人逐出教会。狄奥多西一世施行了彻底的基督教化。从此以后，古代的诸神被视作魔鬼，迷信行为遭到谴责。在查士丁尼一世统

撒旦：教会对撒旦的掌控和打击一直都很成功。这种毒蘑菇被叫作“撒旦的牛肝菌”。与大魔王联系在一起的植物、动物和其他生物不计其数。

各种形式的占卜，经历了它兴盛的时期，后来便遭到禁止。人们对占卜师尤其是女占卜师的不信任一直持续到如今。

治时期，巫师、占卜者和求助于他们的人都惶惶不可终日。在5世纪时，有些与巫术有牵连的人遭到火刑。《狄奥多西法典》禁止占星活动，除了遵循《圣经》教导的考量之外，或许也有以防占星术士算卜皇帝寿数的可能。

当时，诗人、同性恋者、通奸者、下毒者和女巫都可能被判处死刑。所有的巫师、占卜师和占星术士都被宣布为人民的公敌，仅仅制作油膏或药膏就可能面临牢狱之灾。在《狄奥多西法典》中明文规定，巫师属于要被消灭的一类人。

制作催情药的配料：猫头鹰的羽毛、癞蛤蟆的血液，掺入在墓园里折取的柏树和无花果树的细枝。

引自贝克特尔：《女巫和西方》

在有些巫术和魔法尚未被人们划归属于撒旦时，教会相信其效力。但在尚不属于欧洲范畴的北方，教会发现了其他信仰的存在。那里的人们崇拜与泉水、森林和石头有关的异教诸神，这些民族显然是相信巫术和占卜的。

宽容的法兰克人

法兰克人对女巫和巫师、术士比较容忍。《西哥特法典》规定，若无证据，不可指控某一妇女用草药下毒或参加女巫聚会。对这样一些无证据的揭发人将处以7500银币罚款。在高卢，人们不承认魔鬼的存在，巫师四处游荡，治病疗伤，他们会使用神奇植物来获得自然之力量。当然，这里少不了江湖骗子。

在某个犯罪者的口袋里，人们发现了这样一些东西：树根、草药、鼹鼠牙齿、老鼠骨头、熊指甲和脂肪。这些东西使他原形毕露……

女巫的行话

香膏

指某些芳香植物，如薄荷和百里香，也指从某些植物中提取的树脂状物质，以及用这些植物制作的镇定药物。

油膏

这些脂肪或树脂的芳香药膏，质地柔软黏稠，是用植物制作的。女巫参加夜半聚会前用油膏涂抹身体。

饮料

用多种植物制作的饮品，目的是获得一种特殊效果。根据使用的配料不同，饮料具有魔法的、有益的或致死的效果。

药水

以匀匙小剂量服用的药液。药水往往具有惊人的功效。

催情药

饮料形式的混合剂，具有魔法功效，可让服食者产生情欲或中毒。催情药有善意的也有恶意的。

占天术/占天官

既指通过观察鸟的飞行或风向等信号来预测未来，也指负责阐释这些现象的官员。这种半官方的迷信仪式可以在罗马面临重大决策时，迫使民众接受事实，例如开战或拥立新王。

魇魔

让人迷惑和中邪的巫术活动。古代的巫师、术士通过念咒来魅惑。

辟邪物

随身佩戴的物品，可防止疾病和噩运，诸如脱水的鼹鼠爪子、放在小匣子里的车轴草等。

护身符

金属、石头、羊皮或纸质的物品，上面写有蕴含巫术能量的神秘标记或符号。

星印

巫术印章，通常为五角星形状，带有神秘符号或古代字母的隐晦咒语。星印据称能够捕获黑暗的力量。

护符（phylactère）

与护身符（talisman）同义，也指存放圣物的盒子以及犹太人存放经书的匣子。

宝石

根据质地、颜色的不同，拥有某些有益的能量。巫师和占星术士会使用宝石。

反咒语

巫师、术士用反咒语来化解咒语的效果。

宗教裁判所严惩女巫

治病的圣人

对老百姓来说，宗教就是限制。有人认为教义压迫人，让人丧失自我，所以黑暗弥撒和女巫聚会就成了冲破宗教教义的解救办法。然而，这些崇拜偶像的女巫遭到了严刑峻法。

面对惩罚，有的人仍然偏爱这种有着异教生殖崇拜节日的森林宗教。他们可以开怀大笑，放肆嬉戏，此时，神职人员加以严厉禁止，甚至厉声斥责：“魔鬼或许就躲在鲜花后面。”

在一些地方，基督教的各种禁令以及《圣经》对老百姓的影响甚微。这一“沙漠宗教”似乎远离现实和日常生活。甚至有一种说法：若是上帝站在强者一边——事实似乎就是如此——撒旦将站在人民一边。因此，教会从未停止打击这类腐化灵魂的自然崇拜。

甚至查理曼大帝也让人砍下黄金伊尔明苏尔(Irminsul)——撒克逊人崇拜的一株覆满金片的神圣楞树。在萨克森之役，他下令斩首数千战俘，理由就是他们不肯改信基督教。

治病的圣人。面对拥有绝对权力的教会，民间的异教崇拜一直非常猖獗。

《主教教规》：魔鬼附身的降临

《主教教规》（*Canon episcopi*）的作者不明，在10世纪的一次主教会议后出版，其中提到异教女神狄安娜是撒旦的盟友："有几个邪恶的妇女，遭到魔鬼的毒害，受到魔鬼的臆想和幻象的蛊惑，相信且主张在夜里骑着动物坐骑，在异教女神狄安娜的陪同下，和一大群妇人在黑夜里默默同行……"

教会解释说这些事情纯粹出于幻想，虽然不能相信这些做梦才会出现的胡言乱语，不过还是要警醒：认真地阅读这段话就可以发现，这些女子不仅想入非非，而且还是邪恶的。这一文献显现了事情的两面性：一方面，人们不应该相信这些虚构的故事；但另一方面，沉溺其中的人是邪恶的。这里所提及的女子被称为嫌疑犯。在稍后时期的另一部文献，索尔兹伯里的约翰（Jean de Salisbury）所著的《波利克拉特斯》里，描写了女巫夜半聚会的场景，更容易让人生疑。作者虽然说这些场景不过是幻想，然而他明确地写道，这些女子受到撒旦的煽动。关键的一步已经迈出：教会首次把巫术与魔鬼同等看

教会将对女巫掀起暴风骤雨般的猛烈打击。酷刑和处决隐含着悲惨的蒙昧主义。

待，并将注定转变舆论，形成恐怖的氛围。

1215 年第四次拉特朗公会议发起了对巫师、术士无情的镇压。教会试图消灭那些在生活、思想和祈祷方式方面与众不同的人。教会毫不留情，首先指控犹太人与巫术有染，勒令他们在衣服上佩戴明显的区别标识。路易九世把这作为一项强制性的措施来推行。教会感到自己的教义和信仰基础受到恶魔邪灵的攻击，下令所有教徒进行忏悔，据说每年至少要忏悔一次才能消灭邪恶。

教士们指责一些妇女比魔鬼还要狡猾，她们是魔鬼附身、撒谎成性的狡诈者。她们能诞下生命，也谙熟于恐吓和搞阴谋诡计。直到 325 年的尼西亚公会议之前，女性都被认为是没有灵魂的人。

法官和宗教裁判所描述的女巫形象

她利用布娃娃和小雕像来行使妖法。她像古代人一样行邪术（*maleficus*）。不过德国多明我会修士汉斯·尼德（Hans Nider）为这个词而造出另一个词，他的理由是，*maleficus* 不仅指做坏事的人，也可以把它分解为 *male fasciens*，探析

NORMANDIE
1827. - Jeune Fille et sorcière du canton du Pont-de-l'Arche en habit de Fête
Divination par la Clef

教会相信妇女比魔鬼更狡猾。

其源，意为信仰不坚定者，也就是异端。

女巫使用阴谋诡计，招魂卜卦，她与亡灵保持联络。这是女巫被指责委身于魔鬼、听命于撒旦的另一个原因。

类似于古希腊和古罗马的诸神，她是与魔鬼结盟的中间人，这意味着她能够驱使魔鬼，不过也有人指责她听命于妖怪，这是完全不同的。

人们被灌输了女巫能在夜间飞行的说法，这种完全虚构的故事却变成了现实。她去哪里呢？去参加夜半聚会。

对女巫的镇压已经万事俱备，猎巫的人将在全欧洲对女巫进行围捕。到 11 世纪的时候，人们指责女巫献祭和焚烧孩童，用他们的骨灰制作毒药。庄稼收成糟糕、邻居家的新生儿死亡、各种各样的事故统统都怪罪到女巫头上。女巫既是罪人又是祸害。不仅女巫受到指控，就连拥有丰富神学知识的神甫、科学家、乐师甚至哲学家也都不得安

中世纪以来，所有的罪恶和卑劣都算到女巫身上，许多民众相信，女巫代表着各种危险。

在中世纪，人们不得不求助于女巫来获得必不可少的药物知识。

Une sorcière compose un médicament salutaire, à l'aide de simples cueillis au clair de lune, quand sonne minuit.

宁。在公共场所跳舞和各种沐浴、游戏和戏剧等活动全都遭到禁止，甚至民间魔法书的作者、书商和兜售书籍的小贩都被送上火刑架。

拉特朗公会议之后，负责猎杀女巫的神职人员走遍欧洲进行提审、关押和判决。想要悔罪也为时已晚。同一时期所出版的关于魔鬼附身的著作，其中最著名的一本实用指导手册《女巫之槌》，指导人们如何辨认巫术和女巫，教授如何使她们招供的各种方法……法官所做的审讯只不过是早已布下的网罗，迟早让她们落入其中。做梦及幻想的人可能会招致严厉刑罚。在酷刑折磨之下，成千上万的人招供出各种罪行，诸如参加女巫聚会之类。不过她们也会供出邻居、兄弟、父执；孩子指控大人，甚至亲生父母。教堂门口摆放着上了锁的举报箱，同时，宗教裁判所的法官身上都佩戴被祝圣的黄杨枝、“上帝羔羊”的标识、经匣、盐和圣牌。

在法官的打击和指控下，

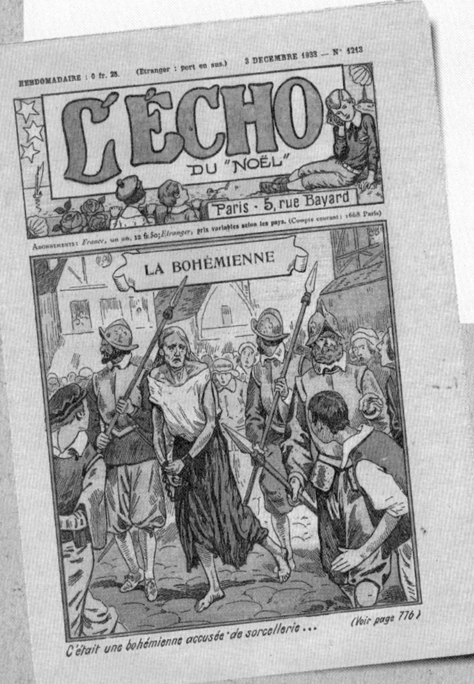

HEBDOMADAIRE : 0 fr. 25. (Etranger : port en sus.) 3 DECEMBRE 1933 — N° 1213
L'ÉCHO DU "NOËL"
Paris - 5, rue Bayard
LA BOHÉMIENNE
(Voir page 776)
C'était une bohémienne accusée de sorcellerie...

无论是谁，在某个人的眼中都有可能成为女巫，外乡人尤其容易被指控为女巫。陌生的女人即是女巫。

全欧洲到处点燃火刑架，遍布法国、意大利、西班牙、德国。当受刑者在熊熊燃烧的火刑架上惨叫时，人们高唱颂歌赞美上帝。据估计，死于火刑的人接近8万，有男人、女人、儿童甚至有时还有老人。

无可指摘的妇女

在中世纪晚期，女性发挥着决定性的作用。在她们的协调下形成了一个社会关系网络。她们活跃在乡村的贸易集市场所，负责为家庭购买必需的生活用品和售卖自己家里养殖的家畜或农产品。她们制作各种食物，照顾家中的孩子和老人，去井里打水。在这些日常活动中妇女们互相传递治病和厨艺的知识。

身为女性，她们必须谨言慎行，不吹嘘草药等植物的药效。当别家的儿童和老人生病时不能接近他们。当时的社会上，长得太标致的女人会被人认为道德败坏；而长得丑陋或长红头发的女人也会遭人怀疑。

她们必须要按时参加弥撒，不能耽于游乐，不能去围着火堆跳舞或做些太“古怪”的行为。孤身一人生活、没有

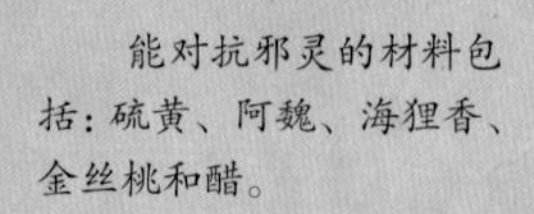

能对抗邪灵的材料包括：硫黄、阿魏、海狸香、金丝桃和醋。

用以预测未来的植物包括：亚麻籽、圆苞车前子、堇菜和野芹菜的根。

亲戚的女人往往受到歧视，得不到别人的信任，其所居住的地方，天气恶劣和作物歉收都可能会导致别人举报她为女巫。

通往女巫聚会之路

约翰·韦耶（Jean Wier）记录了据称是女巫午夜聚会时涂抹的油膏配方。约翰·韦耶是16世纪荷兰人文主义医生，他因反对迫害女巫和火刑遭到起诉，然而，他戳穿了对自己不实的控诉。

“她们在铜瓮里烹煮小孩，捞取上面的浮油，让汤底增稠，熬成老汤，然后把汤储存下来备用：加入欧芹、水、乌头、杨树叶和烟灰；或加入泽芹、菖蒲、委陵菜、蝙蝠血、睡茄和油……她们认为这能让她们在月明之夜腾空而飞，去参加盛宴、音乐会和舞会，拥抱她们渴望的最漂亮的年轻男子。”

巫师油膏

“魔鬼使用很多药材来扰乱它的奴仆们的心绪，下文列举的是其中较常用者。这些药材不会让人陷入沉睡，甚至丝毫无法让人产生困倦，不过它们会在人们清醒或睡梦时造成多种幻象，扰乱心绪、产生错觉。具有这种功能的药材有颠茄根、蝙蝠血、戴胜鸟的血、乌头、天山泽芹、睡茄（中世纪文献中提及的一种与颠茄类似的让人嗜睡的植物。——译注）、烟灰、委陵菜、菖蒲、欧芹、杨树叶、鸦片、天仙子……”

引自让·德·尼诺（Jean de Nynauld）：《巫师的狼人妄想、变形和灵魂出窍》（1615）

鬼神显灵的方剂：把毒参、天仙子、番红花、芦荟、鸦片、曼德拉草、罂粟、阿魏以及脱水烘烤的欧芹制作成药丸。

教会先贤和神学家对女性的观点

他们对女人所拥有的跟哺乳动物一样的乳房感到惊讶。圣保罗（Saint Paul）指称女人是为男人创造出来的。月经是有毒的，女人的血液可以腐蚀生铁。圣多默（Saint Thomas）把女性描述为体质衰弱而有缺陷。格拉蒂安（Gratien）认为女人并不是按照上帝的形象创造的。女人被与魔鬼联系起来，女性的私处（有时被认为是“长着牙齿的阴道”或地狱之口）有着让男人丧命的毒液（性病）。人们对具有某些能力的女人——接生婆或能治病的女人——存有戒备之心。

10 世纪的时候，克吕尼修道院院长写道：

“肉体之美仅为皮相。如果男人能透视皮肤之下，女人的样子会让他感到恶心。既然不能用手触碰痰唾和粪便，怎能拥抱这污浊的皮肉？”

多明我修道会的修士所著的《女巫之槌》中这样提醒读者：“女人的肉欲是无法满足的，因此她们天生会跟魔鬼混在一起。”

著名的下毒者

下毒自始至终与巫术脱不了干系，早在远古时代就出现了。因此古罗马人无时无刻不对下毒保持警惕，普通公民走出家门在城里闲逛时，必然佩戴辟邪物。“尼禄举行盛大仪式欢迎帕提亚国王和第利达特占星术士，其最热切的愿望就是渴望这些祭司能向他传授奥义和巫术。尼禄内心充满悔恨，害怕未知的审判惩罚，因此希望窥测东方奥义。当时的巫师使用水、天球仪、空气、魔法星、灯、水盆、斧头、芳香植物、瓦罐、没药、乳香、孜然等行使魅惑术。运用这些工具或植物，他们自称能占卜未来，迫使阴魂与生者交谈。”

引自拉图尔·圣伊巴尔（Latour-Saint-Ybars）:《尼禄传》

少女的致命之吻

“从前，有位少女从小经常食用乌头，拥有用吻毒死人的能力，帮助米特里达梯（Mithridate）杀死他想除掉的人。为了使其罪行隐藏得更深，她常常使用见效慢的毒药，以小剂量服用，以致人机体缓慢地衰弱、退化而得病，人变得越来越萎靡不振，最后死去：这就是人们所说的慢性毒药。泰奥弗拉斯托斯还提到一种两三个月，甚至一两年后致死的毒药，从不失手。”

引自吉尔贝（E. Gilbert）:《以药用植物为配方的催情药和魔法药水》(1872)

追溯历史，我们可以看到女下毒者洛古斯塔（Locuste）在帕拉蒂尼建造的毒药制作室。她为尼禄皇帝配制毒药：她配制的毒药造成布里塔尼库斯（Britannicus）等人悲惨地死去。

政治下毒

到了文艺复兴时期，下毒成为了一门臻于完善的邪恶艺术，精明且富有洞察力的法官和医生面对大量无法解释的死亡事件也无计可施。在16世纪，下毒成为一种“习以为常的罪恶”，以此消灭碍事的人和政局高层中能站出来说话的人。无论贵族还是平民，似乎所有人都能从王国的大人物可预期的死亡中得到好处。当时提及的植物毒药或人造毒液，其配方往往含有可怕的砒霜，还有研碎的动物骨或人骨、脱水的蟾蜍内脏等。制毒者不乏想象力，曾经长期为所欲为而免受处罚。此时，安布鲁瓦兹·帕

1854年，化学家泰纳尔（Thénard）在拉布尔布尔（La Bourboule）地区的水中发现了砒霜，不过后来他反而被视为大恩人：因为没有他，就没有当地的温泉疗养地。

雷（Ambroise Paré）等有良知的医生不相信这些所谓自然死亡的案例而努力寻找原因。这些毒药的名字富有诗意，诸如月亮矾、砒霜红宝石等。毒药的配制方法使得它们的使用更加深入普遍，制毒者常将其伪装成食品、药物或是油膏。他们在毒药中添加了大量的香料，以其浓烈的香味掩盖食物的味道。虽然事实存在着争议，不过很多历史学家和专门研究中毒的医生都认为，多位君主死得蹊跷，其中有秃头查理、腓力一世、路易六世、腓力二世、腓力六世、弗朗索瓦二世，或许还有路易十三。

缓慢致死

用于浸泡或提取毒药的植物不难找到。洋地黄、乌头、斯塔维翠雀、颠茄等各种茄科植物，单独或混合使用，磨粉或萃取皆可，可做特殊治疗之用。储存于油膏罐子中，让妇人取来涂抹丈夫的贴身衣物。敷用极少剂量的油膏可引起皮肤略微发红，以及难以发觉的皮疹。忠诚的妇人着了慌，跑去找药剂师，可这药剂师也是同谋。她要来药方治疗丈夫隐私部位的红肿。疹子破成疮口，而疮口越来越大……

引自《探秘下毒者的配药室》一书中德波莱永夫人的供词

斯塔维翠雀（Delphinium staphisagria）也叫除虱草，它能除掉虱子，有时也能除掉生虱子的人！

不存在偶然

星相学和占卜术与美第奇家族一起在法国宫廷闪亮登场。

当时的人对占卜术士充满怀疑，达官显贵对他们所从事的职业也深感不安。首当其冲的是占卜巫师诺查丹玛斯（Nostradamus），著名的《诸世纪》一书的作者，他被人指控行使巫术。

不过，直到另一位更受争议的人物科西莫·鲁杰里（Cosimo Ruggieri）的出现，我们才得以更多地了解宫廷里的生活氛围，因为那是一个阴谋的时代。

出于政治和宗教的原因，人们不遗余力地魇魔和下毒。在凯瑟琳·德·美第奇（Catherine de Médicis）的请求下，佛罗伦萨的鲁杰里醉心于巫术、卜卦和毒物化学。

这一切只能任人猜测。他被指控谋杀刚刚去世的查理九世，并被判处苦役。他的经历充满传奇色彩，但我们缺乏有关他的更多资料。

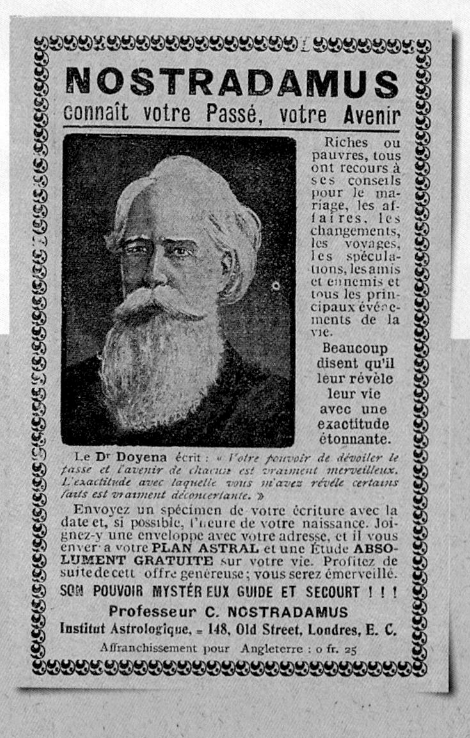

在那个时代，对于植物等事物的知识过于渊博并不是好事。诺查丹玛斯和其他很多行事诡秘的人一样，被指控行使巫术。

巫师、萨满、治病术士与遍布世界各地的迷信

古代非洲

据说，自从远古时期以来，非洲就一直存在巫术。在村落里，这些制作护符者、隐士和治病术士所拥有的知识在某些阶层当中代代相传，某些制剂的配方得以妥善保管。有些植物能让人产生幻觉，与祖先的魂灵交流，从而能治愈疾病，因此被奉为神奇植物。它们大多数毒性极强，十分危险。巫师走遍森林寻找这些植物护身符，有时也在自家的茅屋旁种植。只有巫师才有本事配制药物、药水以及多数以树叶、树根和树皮搭配的合剂。时至今日，在某些国家仍然种植这些过去用作狩猎武器的植物，这些毒性植物在几十年前还被用于进行神意裁判，大戟属植物多数被用来采集极具刺激性的乳液。

LA VIE DES PEUPLADES CONGOLAISES.
11. - Danse incantatoire de sorciers.
PRODUITS LIEBIG : PRODUITS DE QUALITÉ.

非洲的信仰和习俗横跨大洋，丰富了南美文化。

巫术植物的消失

在仪式活动中使用很多种所谓辟邪植物或神圣植物，不过还时常发现对某些严重疾病具有良好疗效的药物，其中很多植物都随着大规模的森林砍伐而消失了。

古代美洲

在美洲大陆的大部分地方，巫师都被称为“萨满”。此类人物具有多面性，他们的属性有时相当复杂，在各个地方都有所区别。在北美洲的克里克、易洛魁、切罗基等部落，巫师首先发挥治病救人的作用。他们从事的活动被称为宗教医学。他们认为，疾病的产生是因为病人被人类或动物的灵魂附身，要把它驱逐出去。风湿病的起因是狩猎时被杀死的黇鹿灵魂在作怪，要用鳗鱼油和蕨类植物来治疗病人，然后巫师召唤其他与黇鹿为敌的动物灵魂，比如狼和狗来祛除疾病。

在安的列斯群岛，情况完全不一样。比如在古巴，巫术是无处不在的。当地的巫术首先是源于从非洲传来的传统、仪式和信仰。两处崇拜相同的祖先神灵，古巴岛民至今仍然通用数种非洲语言。对于森林精灵的信仰根深蒂固，相信人眼不可见的世界一直在起作用。

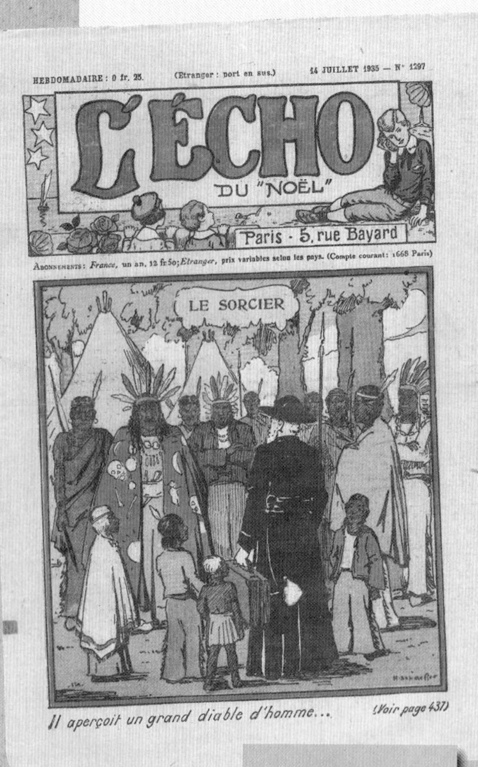
HEBDOMADAIRE : 0 fr. 25. (Etranger : port en sus.) 14 JUILLET 1935 — N° 1297

L'ÉCHO DU "NOËL"

Paris - 5, rue Bayard

Abonnements : *France*, un an, 12 fr 50; *Etranger*, prix variables selon les pays. (Compte courant : 1668 Paris)

LE SORCIER

Il aperçoit un grand diable d'homme... (Voir page 437)

众所周知，巫师在北美印第安部落中地位显赫。

治病的咒语

他们不会把用过的植物乱丢，而是把树根放在布袋里妥善保存。在切罗基部落里有所谓的“巫医”，他们知晓 600 多种咒语，可以在治病过程中高唱或低诵。

据说，在森林里，每株大树、每种植物、每棵草都有一个主人。古巴人认为，“植物之所以能治病，是因为它们本来就是巫师”……应该认识到，宗教、医学和巫术是难解难分的。非洲的神仙往往得到人们奉献的某种植物（称为草仙），它们甚至与天主教的圣人并存。古巴人认为，不能大声说某些树木的名字，因为它们有时非常敏感。还有的树木，如果人们不向它们行礼，它们就会发怒。如果某些树木不结果子，人们可以装作发怒的样子用腰带抽打它们。

古巴人类学家莉迪亚·卡夫雷拉（Lydia Cabrera）作品中采集的证言，引自《森林及其诸神》(2003)：“今年，我的大戟顽固地不肯给我开花。它在惩罚我，谁知道会不会一直这样下去。因为当邻居跟我要几枚叶子时，我想也没想就给他们了，这样做让这株大戟不愉快，因为它不想将自己无偿送人。”

黄酸枣

“许多巫师使用黄酸枣（spondias mombin）来治疗疯病。他们取患者衣服上的一小片布和右脚趾甲的一小块。把这些东西与树根、树皮和树叶一起，放在七杯水里煮，直到煮成三杯水。他们把这种煎剂给患者，让他在一天之内分早、中、晚服下。他们认为，病人在喝下第三杯的时候，就会恢复理智。”

引自莉迪亚·卡夫雷拉的作品。

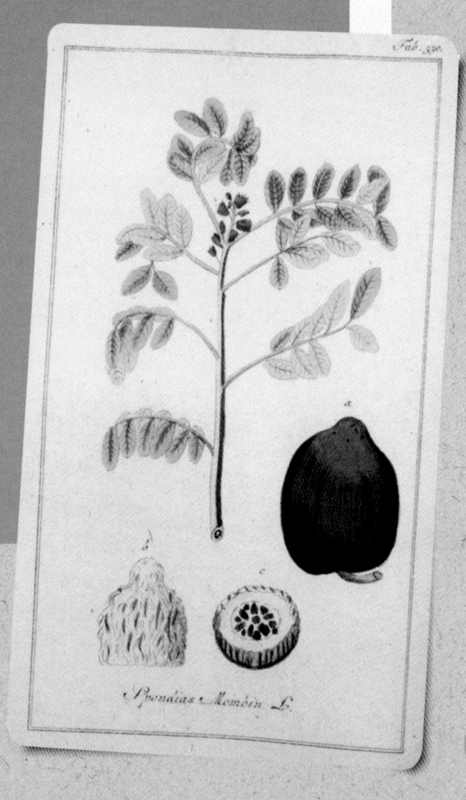

中美洲

哥伦布时期以前，美洲的萨满巫师掌握多种形式的占卜、治疗和魇魔巫术。M. 德拉加尔萨（M. de la Garza）认为，他们能够“把自己的部分灵魂附到其他生灵身上，对他人造成不可思议的伤害”。他们既能让自己的魂魄行善：治病、照看和保护部落，也能作恶：破坏、下咒、骗人、行巫术，怎么做对他们来说并无分别。在《佛罗伦萨手抄本》（*Codex Littera Florentina*，即贝尔纳迪诺·德·萨阿贡修士所著的《新西班牙诸物志》，记载了16世纪西班牙人所征服的中美洲的风土人情。——译注）的记载中，人们可以得知，在阿兹特克存在医院、外科医生、护士以及40种祭司和治疗师。无论在墨西哥、危地马拉还是秘鲁，萨满都担任通灵人，是人和鬼神之间的沟通者。疾病被认为是来自隐秘世界的诅咒，因为病人在履行某些祭祀义务时犯下错误或不足，

从南美洲引进的烟草曾经被认为是邪恶之物。见鬼，吸烟的人从鼻孔里喷出烟雾！

引起幻觉的蘑菇

食用蘑菇要选择某一黄道吉日。晨起沐浴，稍食早餐。一过晌午则应禁食。要趁夜间在一所孤立的房屋内食用蘑菇，因为一有响动，它便沉默不语……蘑菇作为药物给患者服用，要有一两名靠得住的亲友相陪，他们负责观察事情进展，并随后向患者报告在此期间的所见所闻……有时并无异象，只有一个声音询问食用神圣植物的原因……蘑菇之灵可能透露病因，并告知治愈病患的仪式。

利普在《植物及其秘密》（1996）的书中，记载了危地马拉裸盖菇的采摘方法。

宗教仪式和巫术的分界线在哪里？此图表现的是一次抗旱仪式，人们把活鸟投到火里。图中可以看到一株结出果实的梨果仙人掌（引自《托瓦尔手抄本》）。

不过也可能是病人遭到魇魔。萨满的目标是重建精神和社会和谐。为了这一事业，他们按照繁文缛节的仪式来使用某些致幻植物。人种学家也把这些植物称为“引发梦幻的植物”（发现隐匿在睡梦中的事物）或“宗教致幻植物”（唤醒我们身上的神性）。

亚马逊地区

在土著居民中，巫师、草药师、按摩师、巫医和土方医生往往都能通灵。无论男女，他们都精通治病植物和巫术植物。他们声称在睡梦或异象中直接获得神灵提供的药方。在采集草药过程中，萨满向植物之灵祈求恩赐能量。他们与

“灵魂之藤”

在被称作死藤水的致幻饮料中含有多种植物，其中就有通灵藤和醉藤（Banisteriopsis inebrians）。它们是同一种类植物。人们采下一段段新鲜的茎，把皮剥下来，与其他植物混合煮几个小时，最后得到一种酸涩的饮料。

这种饮料必须在萨满的指导下饮用，剂量极小。不同的制备方法与不同的服用者都能起到不同的药效。印第安人认为，死藤水之灵能把灵魂从躯体中解放出来，让它与祖先交流，随后在自愿之时找回肉身。

Journal des Voyages

ET DES AVENTURES DE TERRE ET DE MER

(SUR TERRE ET SUR MER: MONDE PITTORESQUE: TERRE ILLUSTRÉE réunis)

N° 338

LES PEUPLES PRIMITIFS

LES INDIENS DE L'AMAZONIE

PAR PAUL LEMOSOF

PRIX 15 c.

A la rencontre d'un ami, on s'offre fraternellement une prise. (P. 42, col. 1.)

N° 338

灵魂之藤（通灵藤）

神灵沟通，获知病源。为了达到目的，他们使用大量具有神奇能力的植物（可以让人产生幻觉），并根据疾病和病人谨慎选择植物种类。

对很多人来说，这些植物极为危险，甚至能使人丧命。巫师警告外人，任何对植物缺乏敬畏的人都将遭到惩罚。

凯尔特巫术

古代医学著作的作者们似乎从凯尔特植物中获得不少灵感，不过德鲁伊或爱尔兰吟诵者为巫术和占卜植物留下的文字记录少之又少。因此对有关文献资料的使用要慎之又慎。

我们所知道的只是在每年的重大节日期间，先知都会出现，但与地中海地区的古代民族不同，并不存在特别的圣地。

在凯尔特部落中，巫师首先是战争性质的，要为战斗提供力量。“吟诵者”更像是巫术诗人，而德鲁伊则扮演医生、魔法术

黑刺李的神意裁判

为了获知一名男子是否有罪，人们点燃一株黑刺李，并在火里放一把铜斧，把它烧至通红。然后将这把斧头放在被告的舌头上。有罪者的舌头会被烧坏；无罪者将不会受到任何伤害。真是不讲道理！

占卜和巫术工具

魔法棒是多种多样的：布列塔尼人使用 skarzhprenn，或曰“清扫木”，这是一种分叉的木棒，人们把它带在身边，来保护自己免受精灵侵扰；威尔士人使用 coelbren，或曰“预言木”；德鲁伊使用“知识之钥”，也就是红豆杉的小木片。

士甚至战争顾问的角色：他们是学问的掌握者。女德鲁伊是存在的，爱尔兰盖尔语中的cailleach或feasa，意为女德鲁伊或有学问的女人。

德鲁伊和植物：要对民间传说持谨慎的态度，在这两者之间，有记载为证和确切无疑的联系极为罕见。

在神话和巫术的传说中，存在所谓“植物战争”的史诗。植物变成军队投入战斗。公元前300年左右“库丘林之死”的著名故事，讲述了一场英勇的战斗：“卡拉丁之子们收集了大量尖锐的飞廉，它

山楂树的诅咒仪式

“现在，每个显贵之人都注视着自己的土地和他要嘲弄的国王的土地。他们都背对山冈上的一株山楂树。风从北边起，每人手持一枚投石和一根山楂树枝；高唱一段讽刺国王的诗文。奥拉姆（高阶的占卜师）引唱，其他人相继附和。每人把石子和树枝放在山楂树下。如果错在自身，山冈之土将把他们吞没；如果错在国王，山冈将吞没他和他的妻儿、马匹、军队、装备和狗。”

威特利·斯托克斯（Witley Stokes）引自《巴利莫特之书》中关于某位爱尔兰国王的内容。

们长满锋利的叶子，还有长着轻盈尖头的毛地黄；大批植物聚集如森林，叶片飞扬，花朵凋谢，他们把这些植物变成众多装备精良的战士，满山遍野展开厮杀，卡拉丁之子那野蛮可怕的喊叫声响彻云霄，直达苍穹。”

魔法药水的起源

在《阿斯泰利克斯历险记》[法国的系列漫画，讲述了古罗马时期高卢人阿斯泰利克斯的冒险故事，作者为勒内·戈西尼（René Goscinny）。——译注]中，德鲁伊帕诺拉米克斯用釜配制魔法药水。戈西尼的灵感可能来自凯尔特文学，因为在《塔利埃辛之书》中有如下记载：

“莫夫拉之母命人为她的儿子煮沸灵感与知识之釜，从而让他在未来世界因自己的知识与艺术得到人们的接纳。

于是开始煮这只釜……煮开之后，她命令要让釜里的东西不停地沸腾一年零一日。

凯丽德温参照星相书和行星的时刻，每日采集各种神秘植物。因为整整一年她不停地投入采摘和收集植物，釜中溅出了三滴富有药效的水滴，落到格威恩·巴赫的手指上……他便用嘴去吸吮……当他吸下这三滴宝贵的药水时，即刻文思泉涌，他很明白，一定要小心凯丽德温的诡计，因为她的知识非常渊博。”

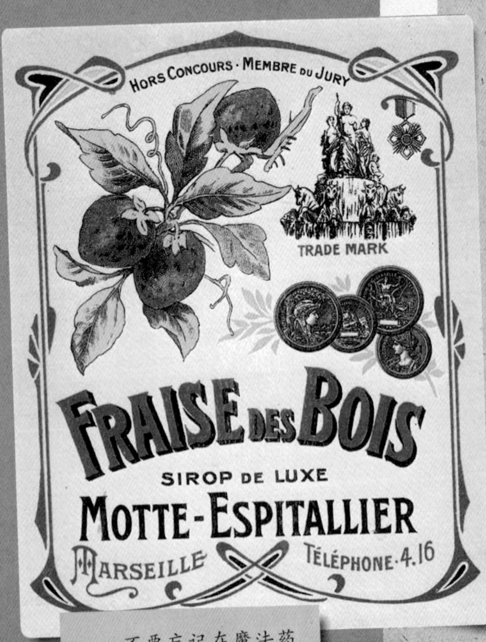

不要忘记在魔法药水里添加野草莓……因为它的味道很好。

斯堪的纳维亚巫术

直到 18 世纪，斯堪的纳维亚国家的国王都被视为巫师，因为他们被公认为使用其拥有的法力来帮助人民。然而，一旦发生不幸，他们便立即遭到应当对此负责的指控。冰岛人相信，为了找到小偷，要在盛满水的木碗底部刻下如尼文——神秘宗教的文字——咒语。人们把草扔到里面，并念念有词："我祈求草类发挥其本性，符文显现神力，指出谁是偷窃之人，是我还是别人。"这时，小偷的面孔会显现在碗底。

与凯尔特部落一样，斯堪的纳维亚的治疗师既是祭司又是巫师。有很多种药水，不过没有任何确切的配方得以流传下来，它们或是不完整，或是存在歧义。

在《希格尔德传说》中，女王命古德伦服下忘忧水，让她与自己的兄弟和解。这种药水的"配料有森林植物、橡子、露水……献祭动物的内脏、煮熟的猪肝，因为这些东西可以使仇恨麻痹"。

还有对抗女巫的植物：阿波罗的妹妹卡尔迪亚女神用草莓木棒逐走女巫，治好了中魔法的孩子。

树木的巫术

树木可以制成多种不同的形状，如木片、木棒、粗木棍、符文棒、探测棒等来施行巫术。每种形状的树木都隐藏着一种奇异的性质。刺柏可用于火魔法驱逐恶灵，榛木可用来制作魔法盾牌。在神话传说中，奥丁神的形象通常手持刻满符文的手杖。

桤木用来制作具有魔法的笛子。

法国及欧洲的现代巫术

一直到18世纪，法庭仍然多少相信魔鬼研究者的说法，不过有关巫术诉讼的罕见记录大多以罚款了事。到了19世纪，火刑架上的火熄灭了，取而代之的是对招魂术和通灵现象的研究。全社会各阶层的人怀着真切的热情投入这种新学科。人们穷尽各种途径，其中不乏科学方法，与另一个世界的存在或灵魂进行沟通。魔法植物和草药仍然在乡下种植，在中产阶级的沙龙里，人们努力破解秘术和各种形式的占卜伪科学。农民十分追捧所谓的魔法书，并小心地将它们保存下来。从19世纪末直到20世纪60年代初，巫术活动仍十分活跃。此后，随着农业和乡村社会的变迁及现代化、电视等媒体的登场，巫师的活动转入隐秘，因为他

过去，女巫仅仅拥有一定知识，能给乡下人治病而已。

们害怕被人们发现和遭到鄙视，名誉扫地。

很多报告和证词都提到一些所谓的不寻常事件，有的是转述，有的来自相对可靠的消息源。这些事件大多集中在同一些地区：芒什、布列塔尼、贝里和普罗旺斯。还有不少地区也发生过很多类似事件，但是全部罗列于此似乎并不合适。1885 年，在沙布拉克有一个名叫沙佐贝尼的巫师用一种古怪的方法，治好了一头不愿去牧场的奶牛。他脱光衣服，削了一根榛木棍，然后在畜栏里夜宿一宿，就让这些奶牛变得温顺听话起来。

诺曼底地区之所以存在特殊性，是否因为北欧人和其他维京人及其异教信仰对该地区造成了长期影响？无论如何，该地区的

马勃和硬皮马勃是一种囊形蘑菇，里面裹着细腻的孢子粉，在巫术中用途广泛。

从奶牛身上取奶和黄油

只要扫掉临近牧场的露水，所有的黄油都将归女巫所有。还有另一种办法，女巫把一根开花的山楂树枝放在村子的泉水里，然后胳膊夹着搅乳棒，一边念咒语一边走遍她觊觎着黄油的那个牧场。

要识破偷盗者窃取黄油的企图，人们可以用染料木的树枝把腥臭的牲畜粪水浇到篱笆上，就能奏效。

森林、荒原和沼泽地十分有利于形成神秘阴森的氛围，就像巴尔贝·多尔维利（Barbey d'Aurevilly）和莫泊桑等作家在作品中所描写的那样。在荒原上没有道路可言，迷路乃常见之事。农民甚至相信，人们会碰上一种“恶草”，这种植物一定会让你越走越远，偏离正道，在布列塔尼，人们把它叫作迷路草。克里斯托夫·奥雷（Christophe Auray）的《魔法与巫术》一书中写道，有个乡下人这样描述让人迷路的草：“如果踩在它上面，你就找不到自己的家，一整夜跑来跑去，就是这么见鬼……”

带着榛木棒找水，这样做让人生疑。不过用榛木棒驯服母牛倒是正常的，尤其是脱光衣服那样做。

在布列塔尼，一切都事关黄油和牛奶

很多见证者声称，巫师失去了过往的某种能力，诸如把刀插入苹果树汲取苹果酒，或是把刀片插入栎树，就能隔空从酒桶里取出葡萄酒。一位老妇人说："他们能让奶牛不再产奶，让田地不再长庄稼。"她还补充一句："要有很深的坏心思才行。"

在倒苹果酒之前，心怀恶意的女人会想办法用啤酒花擦拭酒杯。据说这样很容易让客人醉倒，在路上跌跤，再也找不到路。

据说巫师使用马勃粉末来刺激牲畜。

巫师、治病术士和驱魔人

在《魔法与巫术》一书中，奥雷写道，存在两个世界：巫师和驱魔人的世界以及治病术士的世界。如果通过家人或主人看重的家畜来转移疾病，这一行为就会被认为是恶意的。掌握魔法能力的人就不是治病术士而是巫师。

POSTES
1256. Le Sorcier de la Montagne Laouic Coz,
racontant ses " conchenous " Vieilles histoires Bretonnes
Etude des Costumes de Bretagne - SAINT-THOIS

布列塔尼是产生巫师和女巫的地方。

结 论

对历史上这些巫术植物考察一番之后，我们的脑海中浮现出几个疑问。这些往往遭到排斥的人究竟有何真正意图：害人还是救人？这些时而让人恐惧、着迷或感到安慰的所谓能力究竟是什么性质？他们是怎么学会运用这些植物的？在大多数民众几乎是文盲的情况下，谁教给了他们这些知识？可以猜测，这些知识是通过口口相传，并且伴随着或多或少的隐秘活动，正如我们从某些魔法书中所发现的，比如波尔塔的《自然魔法书》和《大阿尔伯特之书》。历史学家不断地表示怀疑甚至困惑，而且常常表示不能认同。有人声称，这些人或是心思邪恶，或是患上疾病和歇斯底里，追求强烈的情绪。药物学家和毒物学家向我们揭示并警告，很多用于谋害别人性命的植物是非常危险的。（本书并未介绍所有这些植物，我们有意选择介绍在有关巫术的文献中最常出现的植物。）

除了诅咒者和下毒者，别忘记还有其他怀有善意、治病救人的巫师、祭司、教会人士、治病术士、萨满，因此巫术也是具有多面性的。就像植物既有杀人的也有治病的一样，既有善良的巫师配药救人，也有巫师偷偷摸摸地炮制致命的药水。

当女巫喀耳刻把奥德修斯的同伴变成猪的时候，技艺精湛的雕刻家和画家细腻地刻画出这些可怜人因丑陋的动物形体而痛苦的场景。然而，在神话中，喀耳刻女巫能随心所欲、轻而易举地让人变形，这个神话能否让人想到，或许她配制的闻名于世的药水里和主角的饭食里，满是致幻成分？要知道，这些药物能让任何人卑躬屈膝。比如，以曼陀罗粉末为基本成分的药物，能轻而易举地让人相信自己被变成猪或老鼠。只需要把这个想法反复地向他灌输，再巧妙地布景和要些花招就可以。若是如此，奥德修斯的同伴很可能相信或想象自己变成了猪。对于温良恭俭的猪来说，只能哼哼嚎叫了吧？这个故事与把人变成僵尸的故事极为相似，厨师为了实现控制和命令别人的目的，让人吃下精神药物，再加上一些旧有的仇恨和报复心理，他的诡计就成功了。至于有人认为自己是飞鸟、鹰隼、神兽，拥有异能，他们要变成魔鬼甚至隐身人是毫无问题的，只要知道该服用何种药剂。在这些普遍存在的神仙、半神和巫师的故事当中，可以发现很多具有致幻作用的植物，其中某些植物至今未能确认品种。老普林尼甚至详细地介绍了虚构植物以及它们的药效。

确定无疑的是，这些具有奇异功效的植物至今仍然是有害的，而且往往令人心生畏惧，例如天仙子和欧茄参（曼德拉草）。有人企图冒险使用这些植物出奇制胜，涂抹飞行油膏参加女巫午夜聚会，不过只要稍稍弄错剂量，很多人便会有去无回……

植物图说

苦艾

中亚苦蒿（*Artemisia absinthium* L.）–菊科

巫师的温床

解毒参之毒

据老普林尼记录，苦艾与醋混合，可以作为毒蘑菇和槲寄生的极佳解药；而苦艾与葡萄酒混合，则可以解除毒参的毒性，治疗鼩鼱——指的是哪种凶猛的鼩鼱呢？——龙和蝎子的咬伤。

苦艾是阿耳忒弥斯的植物。她是阿波罗的姐姐、狩猎女神，曾把阿克泰翁变形：他不小心闯入了阿耳忒弥斯的领地，并胆敢偷看她裸身沐浴。因为害怕他把所看到的场景告诉别人，这位震怒的贞节女神把他变成一头鹿，并嗾使猎犬把它吃掉。

除了虚幻的功效外，苦艾具有助产的功能，还能疏通月经。不过因为它有助于生产，甚至引发堕胎，苦艾的名声颇受玷污。

海苦艾（*Artemisia maritima*），俗称 sanguenitte，也叫作 barbotine（泥浆），这个名称与动词 barboter（在泥泞中行走）有关。雅克·布罗斯（Jacques Brosse）认为，这种奇怪的演变可以让我们更好地理解，沉溺于苦艾酒的贫苦女人遭遇什么样的生活，因为 barboter 还有一个意思，即"无力解决某些物质、精神或道德问题，在艰难堕落的境遇下迷失自我"。

植物特征

- 小型半灌木，茎接近木质；
- 叶多茸毛，呈亮灰绿色；
- 黄花，头状花序；
- 整株植物有香气；
- 中亚苦蒿与北艾不同，惧怕霜冻；
- 生长于南欧地区，适宜干旱环境。

温暖的床铺

伊西斯神庙的祭司在进行祭礼时，手持一根苦艾枝。烟熏苦艾叶子，有助于人们与不可见的魂灵世界对话。在南欧的某些地区，巫师用苦艾叶制作草褥床垫。在加尔省，过去有一个习俗，在新婚夫妇的床下贮藏苦艾茎，这是为了使他们度过更加富有情趣的夜晚……

LES PLANTES
MÉDICINALES
ARMOISE
GENRE DES
COMPOSÉES ARTÉMISIÉES
ARTEMISIA
Édition de la CHOCOLATERIE d'AIGUEBELLE (DRÔME)

苦艾是蒿属的一种。在《圣经》中，它是苦涩的象征。

为墓地驱虫

在德国有一个古怪的风俗，下葬之后要在墓地上摆放几枝苦艾，甚至种几株苦艾，意为Grabkraut（墓草）。这样做可能是防止棺木生虫，因为苦艾也是一种有效的驱虫剂。有必要一提的是，在墨水里添加苦艾成分，可以驱赶老鼠。

像很多植物一样，苦艾脱离异教“草药师”之手，转而融入基督教传统。它是在圣约翰节上使用的众多草本植物之一，其花朵在6月盛开。

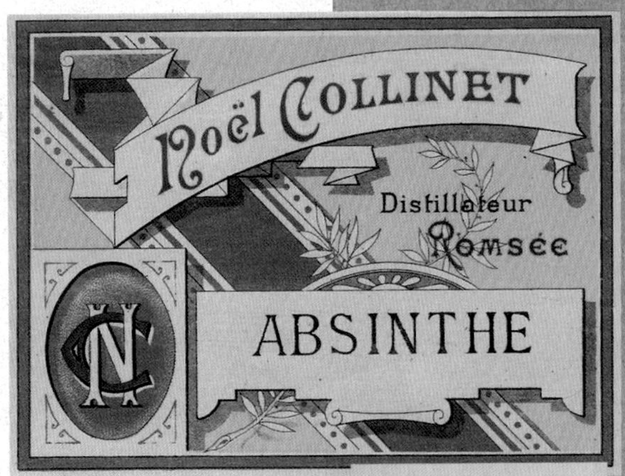

绿仙女酒（苦艾酒）是19世纪末廉价酒馆的必备品。

苦艾酒也叫绿仙女酒

苦艾酒的酒精度数最高可达到72°。狂饮绿仙女酒的人，会陷入钝拙、糊涂和衰颓的状态，这在印象主义的某些画作中有传神的表现。医生称之为精神活动的逐渐减退。

乌头

欧乌头（*Aconitum napellus* L.）–毛茛科

杀死狼的草根

毒如砒霜?

根据植物疗法的观点，乌头属于最危险的一类植物。5 毫克乌头碱就足以杀死一名成年男子。在中国，乌头的块根用于传统医学中，每年因它引起的事故都有数百起，其中多起致死，而且这种植物也被人用于自杀。

在古罗马时期，乌头常被用来下毒，图拉真皇帝被迫采取措施，下令在全境禁止栽种乌头，违者将获刑甚至被判死刑。古人还使用乌头汁浸泡箭头，这个传统延续整个中世纪。在花语中，乌头一直是犯罪的标志。

泰奥弗拉斯托斯称，把乌头掺入葡萄酒饮下，不会有任何效果，不过另一种配制方法则令饮用者在一段或长或短的时间里丧命（数个月或数年）。产生药效的时长与乌头采集之后的存放时间相等。

植物特征

- 茎竖直；
- 叶深绿，掌状；
- 花为盔瓣，有毒；
- 根据品种不同，开蓝色、紫色或浅黄色花；
- 根为饱满块根。

解毒药

以下为马提约尔的证言，内容涉及某位博洛尼亚外科医生在一名囚犯身上测试他自己发明的解毒药的情况。“1524年11月，我在罗马卡比托利欧山看到乌头药剂的功效，因为克雷芒教皇想试验一种药油的功效，这种药油是经验丰富的外科医生、博洛尼亚的格雷瓜尔·卡拉维塔配制的，目的是解除所有毒药和有毒动物的咬噬产生的毒性。圣座命令把乌头给两个被判绞刑的强盗食用，在他们身上测试上述药油的效果；待他们食用乌头后，把上述药油与杏仁饼一起给他们吃下。吃下较多杏仁饼的那名囚犯，按照圣座御医的安排，服食了大量药油，尽管遭受极大而可怕的痛苦，但活了下来。而另一个吃杏仁饼少的囚犯，未摄入药油。我们可以明显地看到毒药产生的猛烈效果；因为几个小时后，这个可怜的人就在经历各种痛苦折磨后一命呜呼了。”

在法国共有四种乌头属植物：欧乌头（aconitum napellus）、保禄乌头（aconitum vulparia）、雪上一枝蒿（aconitum anthora）和彩斑乌头（aconitum variegatum）。

来自魔鬼口中的毒药

据奥维德记载，乌头是从三头怪兽刻耳柏洛斯口中吐出来的。这头怪兽被比铁还坚硬的链子锁住，在疯狂和暴怒中，它的三张口向空中狂吠，喷出的白沫覆盖了田里的植物。这种白沫凝固下来，得到肥沃土地的滋润，并具有了毒性。它变成一种多年生植物，生长在多石坚硬的地里，农民把它叫作乌头。

毒炮弹

西门诺维兹（Kazimierz Siemienowicz，17世纪波兰-立陶宛军事工程师。——译注）在《伟大的火炮艺术》一书中介绍了几种奇思妙想的发明；其中就有“火球”，它是一种中空的球体，内填火药、硝石、硫黄、松脂，以及乌头、银莲花、天仙子和毒参的粉末。不过必须说明，所有这些炮弹打到空中后，并未击中目标，因此没有达到预期的毒气效果。

“杀狼草”这个名字的来源与人们配制的灭狼毒药有关。把乌头根研磨成粉，掺在腐肉的饵料中，用以毒杀恶狼和狐狸。过去人们还使用乌头粉末和蜂蜜配制成一种害人的药丸。

大蒜

Allium sativum L.–百合科

怪异的神圣气味

恶臭的口气

古埃及人把大蒜视为一种神奇植物，同时，他们还把大蒜与韭葱当作薪水大量发给建造金字塔的工人，这真是奇怪又矛盾。他们在日常生活中还把大蒜当作药用植物来使用。埃贝斯莎草纸文献记载的古代药方中提到700种药材，其中一个药方以大蒜等臭味植物为主材，用于解除儿童遭受的巫术。

虽然大蒜的气味能消解其他气味的毒性，但是在雅典，法律禁止满口大蒜味道的人进入诸神之母的神庙。

与此条训令相反，古希腊人向赫卡忒敬献大蒜串，希望得到她的垂怜；古希腊摔跤手入场比赛前，要吃几片蒜瓣来增强自己的力量；巴比伦祭司在大蒜和洋葱的鳞茎上占卜未来。

避免烧焦阴茎

古人相信，采集某些植物可能会产生让人非常不快的后果，诸如“烧

植物特征

- ◆叶嫩绿色，披针形；
- ◆适宜生长于阴凉的田地、草地、沟渠；
- ◆开黄花，星形；
- ◆整株散发气味；
- ◆地下部分为白色鳞茎。

焦阴茎”。这是一种奇怪的不流血的去势手术，德古贝尔纳蒂斯（De Gubernatis）在《植物神话》一书中提到过。为了避免上述后果，他还建议在拔这些植物之前，先吃大蒜喝红酒。

梵文 bhûyagna 衍生于大蒜一词，意为“魔鬼杀手”。在印度，婆罗门是被禁止食用大蒜的。在吠陀文献中写道：“大蒜、洋葱、韭葱、蘑菇以及一切生长在不洁环境中的植物，再生族（再生族是指印度教种姓制度中的婆罗门、刹帝利和吠舍等高等种姓。——译注）都不应该食用。”

西伯利亚的布里亚特人相信，因难产而死的女人，她们的灵魂散发强烈的大蒜气味，这是一件幸事，因为这种大蒜气味似乎能保护在睡梦中的布里亚特人不受亡灵侵扰，首当其冲是这些可怜女人的亡灵。

大蒜上头

“斯皮格尔和哈勒尔医生认为，长期服用大蒜会损害大脑功能，导致精神紊乱。不过，在大量消费大蒜的法国南部，人们似乎对此毫不担心，我并不认为加斯科涅的疯子比其他地方多。”

引自约瑟夫·罗格（Joseph Rogues）:《药用植物志》（1835）

既神奇又寻常的植物，埃及人种植大蒜的同时，也种下迷思。

比毒参更毒

诗人贺拉斯非常厌恶大蒜，把它比作毒药，在他的作品中有如下诗句：

“虽然毫无人性的儿子绝不会扼杀
死期遥远的老父，
不过会给他吃大蒜，
这比毒参还毒千倍。
啊，收割的人！啊，大地之腹！
究竟什么毒药让我撕心裂肺？
毒蛇的毒液滋润了这邪恶之草？
难道是卡尼蒂亚烹制了这致命的菜肴？”

解毒配方

你要献出酒杯
才能避免危险，
把大蒜加到酒里
我敢说，
你将永远不再
因下毒的蜜酒而遭罪。

植物特征

- 植株分叉，较高，
- 可达 1 米；叶阔大，呈椭圆形；
- 花深紫色，垂钟状；
- 结黑色浆果，外有明显花萼；
- 喜阴，适宜在凉爽的环境下生长。

颠茄

Atropa belladonna L–茄科

愤怒的茄子

不给奥古斯都毒药，
而给他致命的无花果！

美丽而可怕

在古时候，颠茄有多个名字，比如希腊文中的 struchnon，这个词意指多种植物。植物学家泰奥弗拉斯托斯用 *mandragora*（茄参）为颠茄命名，可能因为他觉得这两种植物的属性及主要功效非常相似。据史书记载，奥古斯都皇帝怀疑他的妻子图谋不轨，因此亲自烹饪饮食，想以此挫败密谋；不过他的妻子更为阴险，把颠茄汁注入皇帝最喜爱的无花果里，最终成功地毒死了皇帝。

过去，人们还把颠茄称为“怒茄”。根据狄德罗和达朗贝尔的《百科全书》记载，这种植物具有让食用者陷入狂怒的特性。

颠茄是茄科的一种，茄科的名称来自 solamen，意为安抚和慰藉。此意似乎有些违背常理，除非考虑它在安抚痛苦和疾病方面的作用：人们自古就知道颠茄可用作镇定剂和有效的镇痛剂。意大利药理学家马提约尔在其所著的《迪奥斯科德里斯著作评论》一书中，最早使用 *Atropa belladonna* 这个名称。

特殊的词源

Atropa belladonna 这个拉丁词的含义自明：*Atropos*（阿特洛波斯），是罗马神话中的命运

没有危险的颠茄？

医生发现，将颠茄提取物的成分与脂肪相混合，有助于通过腋窝等排汗部位或阴道、直肠等人体孔窍对药物的吸收，这些吸收途径可让生物碱进入血液系统或大脑，而不必经过消化器官，因此避免了服用颠茄过程的中毒危险。

美丽妇人也是可怕的妇人。

三女神帕尔克之一。这三位命运女神是宙斯之女，她们的任务是纺织人间的命运之线，按指定时间剪断每位凡人的生命线。*Bella dona*（美丽妇人），其来源可能有二。可能性较大的说法是来自阿托品（从颠茄中提取的成分），因为长期以来眼科医生使用阿托品来扩张瞳孔。所以有人认为，过去宫廷用这种提取物让贵族妇女的眼目变得深邃，像“母鹿的眼睛”那样无比闪亮。还有一个并非十分确定的说法，在罗马帝国时期，接生婆被视为女巫一类的人物，老百姓对她们又惧怕又感激，于是送给她们 *bella dona*（美丽妇人）的诨号。

没有奇迹

有事实表明，颠茄的提取物溶解于水中，能放大瞳孔，不过只是暂时影响视力。因此不能相信有些记载中所谓有人突然失明又很快恢复的说法。

女巫之眼，位于坦恩的恩格斯堡城堡遗址。史书并无记载，是否用阿托品放大了她的瞳孔。

颠茄消除旅行的疲劳

“意大利的女巫引诱轻信的旅行者。她们把一种药物（颠茄的混合药剂）加到奶酪里给他吃，据说会把他变成役畜。于是她们把自己的行李放到他的背上，旅行结束后再把他变回原形。”

引自让-巴蒂斯特·波尔塔：《自然魔法书》（1650）

整株植物都有毒性，它的果实可能诱使某些冒失者认为无害而品尝，其实非常危险。

引起幻觉！

我们可以从大量的记载中了解颠茄产生的效果以及自愿或不自愿服下颠茄的人所产生的幻觉。也就是短期的精神紊乱，并伴有狂喜或狂怒的妄想。

曾经有不够谨慎的医生开给患者颠茄制剂来治疗各种病痛，不过患者并不知晓他们需要服用多大的剂量，往往会超量服用并造成损害。这些患者声称他们一连多次变成狼。对于这种因过量服用药品而导致的精神障碍，人们称之为“临床变狼妄想”。

下文所讲的是一支部队的奇异经历，他们因食用颠茄浆果而中毒。1813 年 9 月 14 日，隶属于第 12 团的一支数百人部队驻防西班牙前线的山头阵地，那里长着几株颠茄。艰苦的行军让他们疲惫不堪，年轻的士兵迫不及待地冲向这些刚刚发现的植物，因为这些果子看起来十分诱人。有人吃下 6 枚到 10 枚果子，还有人吃下 50 多枚。两个小时后，毒果实开始发威了。有几个人在原地死去，其他人很快哄然而散。随后，整支部队的士兵之行为都异常古怪。几名军官说，很多人都是满面愁容地回到军营。其中有一个人不停地倒地而后再站起来，他觉得地面上都铺满了稻草。约 60 人在附近的沼泽地里度过头一个夜晚，他们摘掉帽子，脱去鞋子，将裤腿挽到大腿上。为他们做检查的医生说：“他们的眼睛都流露出惊慌失措的样子。”有的人弯腰从地上捡起石子或树枝，随后再扔到地上，并且从上面跳过去。大多数人都兴高采烈，互相推搡和拉扯。其中有一个人把自己的手指当成烟斗，想用烧红的木头把它点着。其他人企图抓住看不到的东西，还有人从附近的山头回来时，披着被树木、荆棘和石头撕破的衣服，样子很滑稽，他们大喊“拿起武器”，向着想象中的敌人蹿跳。

植物特征

- ◆攀缘植物，茎细长，有卷须，掌状叶；
- ◆白色带淡绿色星形小花；
- ◆圆形浆果，结成小串，成熟后为红色；
- ◆块根饱满；
- ◆泻根有两种：常见的为 *Bryonia dioica*，或曰雌雄异株泻根；还有一种是 *Bryonia alba*，或曰白泻根，雌雄同株。

泻根

雌雄异株泻根（*Bryonia dioica* Jacq.）–葫芦科

伪曼德拉草

催吐剂……

疯子、狼杂种、比塔乌贝尔、戈达尔萝卜、烈火、普塞尔、紫草、火焰草、游蛇草，这些都是魔鬼萝卜或泻根的名字，它的攀缘藤茎不知是从哪里冒出来的，在森林的灌木丛里绕来绕去。它有理由让人恐惧，红色小浆果是鸟儿喜欢吃的，却让人敬而远之。不过，从它的块根上才能很好地理解，为何它如此臭名昭著。泻根虽然可以当作药材来用，能治疗哮喘、百日咳、腹痛等多种疾病，而且是有效的催泻剂和催吐剂，不过它之所以出名，部分原因在于其与巫术有染。泻根的块根十分粗大，某些能达到 60 厘米长，直径超过 10 厘米。挖掘时要小心，不能损坏，然后埋在沙土里保存，与保存胡萝卜的方法一样。

流浪的族群中有不少巫师和术士，他们采集泻根，

魔鬼的萝卜

泻根的块根外表呈米色，多条痕，非常肥厚，兼有蔓菁和胡萝卜的特征，不过多在末端生长须根。过去人们认为它好像一只浮肿的脚，治病术士建议人们在脖子上佩戴几枚泻根薄片来防止中风。老普林尼还说过，在自家田地周围栽种泻根，可以驱赶飞鹰，保护家禽安全。人们有时管它叫“风流萝卜”，它是小有名气的壮阳药。

泻根在法国各地

在诺尔省，泻根叫作“普塞尔”（poucère）；从阿朗松到圣若尔热代格罗塞莱尔一带，它是人们惧怕的“孔里奥奈斯”（conlyonesse）；在布列塔尼地区，人们叫它“蛇球”，避之唯恐不及；在尼奥尔，人们叫它“魔鬼萝卜”；在利布尔讷，它叫作“屈热特”（cujetts）；在加泰罗尼亚语中被称作“卡尔巴西纳”（carbacina）；在蒙彼利埃，人们把这种在树上灼灼发亮的果子叫作“布特亚萨”（bouteyassa）；到了阿维尼翁，它的名字仿佛铃鼓的节奏，叫作“库库梅拉索”（coucoumélasso）。

冒充曼德拉草欺骗村民。由于北部地区的居民不认识原产地中海地区的曼德拉草，随便拿什么植物的根就很容易蒙骗他们。

当时有一本书教人们这样做：选择一种接近人形的泻根。要在春天的某个星期一把它挖出来，当天晚上的月亮处于吉祥星宿间，与木星相邻或与水星交相辉映。这时，就要像园丁移植植物一样，把泻根末端切下来，然后把它埋在墓地的某个刚刚下葬的墓穴里。每天日出前，“用泡过

从泻根种子中榨取的油，据说有助于让人达到一种易于通灵的状态，可以与鬼魂交谈。

三只蝙蝠的奶牛乳水浇灌它，整整持续一个月”，这本魔法书如是说。把泻根挖出来时，它一定要具有人形的模样，然后放在加热的炉膛里烤干。保存的时候，稍加一些马鞭草，必须用一块包过死人的布把它包起来保存。

经过这样一番加工后，块根能在比利时或波兰卖出高价。当时的人有时候把它叫作白曼德拉草或小曼德拉草，据说拥有这种块根的人可以免遭巫术或符咒的伤害。19世纪中叶，一位名叫普瓦雷的医生观察到一件怪事，他记录道，德国和瑞典的农民们挖出新鲜泻根，浇上啤酒，放置一晚上就成了有效的催吐药和催泻药。

直到19世纪90年代，治病术士仍在市场上贩卖泻根。老百姓认为它是一件稀罕物，很多人好奇地观看这种有腿、有胳膊、有乳房的块根。人们有时也能分辨它们的性别。它们的使用会受到性别的限制，男人要使用雄性泻根，女人要使用雌性泻根。

大麻

Cannabis sativa L.–大麻科

从麻绳到刺客

植物特征

- ◆大型草本植物，茎有时分叉；
- ◆叶为掌状，有尖锐裂片和锯齿；
- ◆雌雄异株；雄花攒聚成圆锥花序，有5枚萼片和5根雄蕊，雌株在顶端开更多数量的小绿花，结小籽，成熟后为褐色；
- ◆整株植物有气味，表面粗糙。

轻烟缭绕

野生大麻原产于中亚，后来传播到东方的印度和中国，再后来传到整个非洲和欧洲。古罗马人使用的大麻来自高卢。除了严寒的北极地区和潮湿的热带雨林，大麻的种植遍布全世界。考古学家认为，人类使用大麻可以追溯到公元前数千年。中国古代药书《神农本草经》中就已经有大麻的记载。这部著作成书于公元前2世纪到1世纪，它汇集了中国数千年积累的药学知识。

在古希腊，有一种叫作 gelotophillis 的植物，可以译为“让人发笑的叶子”。有些专家认为这种植物就是大麻。老普林尼记录了这种植物的毒性及其解毒剂：“把它与没药和葡萄酒同饮,可以让人产生各种幻觉,笑个不停,直至把松子、胡椒和蜂蜜就着棕榈酒饮下。”迪奥斯科里德斯的《药物论》中有如下记载：这种植物让人眼前浮现幽灵，产生让人感到有趣和愉快的幻象。盖伦提到，当时的人习惯在蛋糕等甜点里面添加大麻，让宾客感受到快乐。他们同时警告说，“过量食用这种草会损伤大脑”。根据这些对大麻功效的描述，我们猜测，在古希腊文明中，大麻的用途之广，不仅限于织布、编绳、照明用油、常用药材等日常的经济生活中。

植物学家在大麻属植物学分类上并未取得一致的共识。有人认为大麻属植物存在多个品种，它们可以通过树脂和四氢大麻酚（大麻刺激精神活动的活性成分）的含量以及纤维

古希腊人说，大麻叶让人发笑。

欢乐的葬礼

历史学家希罗多德记载，彪悍的马背民族斯基泰人（该民族生活在今天的伏尔加河流域）喜欢点燃大麻来吸入大麻籽的烟。这是当地人通常在葬礼之后所做的一种仪式——净化仪式。

“斯基泰人用三根木棍搭起一个支架，在其上严严实实地覆盖羊皮，就这样建起一顶帐篷。在帐篷里，他们把一只盘子放在地上，里面盛着三枚烧红的石块，他们放进几粒大麻籽，于是大麻籽燃烧，升腾起美妙无比的烟雾。斯基泰人很开心，兴奋地大叫起来。”

考古学家曾经在当地发现的三脚支架、火盆和大麻叶子及种子的残迹，足以证明这种仪式的确存在。

斯基泰人并不是最后吸食大麻的民族，他们在葬礼和宗教仪式中，把大量的大麻籽扔到帐篷的火堆里。

的密度来进行区分。而另一些人则认为，所谓不同品种：大麻（Cannabis sativa）、印度大麻（Cannabis indica）、莠草大麻（Cannabis ruderalis）是不同的变种。

尽管在某些对女巫、术士的审讯中有记录提到，偶尔使用哈希什（haschisch，是一种大麻榨出的树脂成品。——译注）与数种油膏配料，但我们并没有确切的证据说明，大麻已经在那个历史时期作为致幻植物而知名或得到应用。当年查理曼大帝鼓励种植大麻，只是为了从中获利。十五六世纪有多部植物学著作中提到大麻，然而遭到教会的严厉反对。1484年，教皇英诺森八世颁布谕旨，禁止使用这种“撒旦聚会”的植物。

公元11世纪，宾根的希尔德加德建议人们使用大麻治疗恶心呕吐。这一建议很奇怪，因为大麻本身就能引发恶心呕吐。

人们有时会忘记大麻最不吉利的用途。过去，刽子手高价出售吊死罪犯的麻绳，他们把麻绳切成一段一段的，出售给想购买的人，以获取最大的利益。

在印度，人如果走路时踩到被视为神圣的大麻叶子时，就会被认为可能要遭受祸害或遇到巨大不幸。据说，在古埃及的底比斯城，人们把大麻制作成一种功效接近鸦片的饮品。

庞大固埃草

有些研究者认为“庞大固埃草”所指的可能是大麻。拉伯雷对这种植物的描写与大麻相符，而且对某些特征的描述明显借鉴了老普林尼的说法。不要忘记，《巨人传》的作者还是一位医生，他肯定熟知当时的流行植物。

“在装运的东西里面，我看见还有大量的‘庞大固埃草’，有生的未经加工的，也有熟的经过加工的。……从根部生长出一根独立的圆形茎秆，样子像茴香，外青内白，中空……略具木质、挺直、易碎、呈棱状，仿佛有细条柱子，富于纤维……叶子形状略异于榛树及龙牙草叶，颇似兰草，不少植物学家把它叫作观赏植物，而把兰草说成是野生‘庞大固埃草’。”这里的兰草指的是大麻叶泽兰。他列举了布料、衣服等从大麻中获取的有用之物，最后写道：“也会发现一种具有同样功能的草，使人类利用它可以窥探冰雹的来源、雨水的源头、霹雳的制造场所；可以占领月球区域，进入天体的境界，在那里落脚定居。”（译文引自上海译文出版社 1981 年版《巨人传》（上册），成钰亭译，第 632—633 页，以及第 646 页。——译注）

拉伯雷笔下的庞大固埃草（Pantagruelion）只能是大麻。

哈希什派俱乐部

“刺客”（assassin，音译为阿萨辛）这个词来自阿拉伯语 haschaschin，意为“吸食哈希什的人”。这可以追溯到 6 世纪的波斯。不过，马可波罗游记中有关狂热的阿萨辛派别的记载虽然如是说，但没有任何资料能够佐证确有吸食哈希什其事，这不由得让人怀疑威尼斯冒险家的游记是否真实可信。不管怎样，13 个世纪后，巴尔扎克、戈蒂耶和波德莱尔等大作家，通过吸食哈希什来获得文学灵感，还成立了一个叫作“哈希什派俱乐部”的圈子。

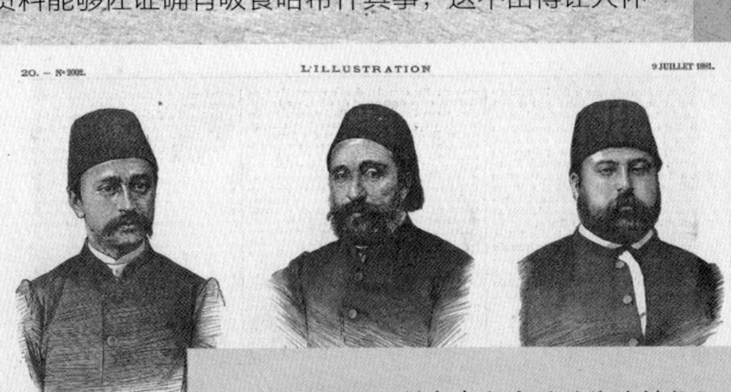

不好揣测刺客在大麻醺醺然的刺激之下，是怎样完成他们的杀人任务的。吸食哈希什的传说很难自圆其说。

植物特征
◆大型草本植物，高可达 2 米；
◆茎无毛，有数量不等的红斑；
◆叶边深裂，与胡萝卜叶相似；
◆白色伞形花序，籽小，有条痕，呈亮褐色；
◆全株有毒。

毒参

Conium maculatum L.–伞形科

魔鬼的燕麦

毒参的英文为 hemlock，不过它的另一个名字“魔鬼的燕麦”更广为人知。孩子不敢碰它，怕被魔鬼掳走。

创始毒药

一听到毒参的名字，人们不禁想到苏格拉底因言获罪、挑衅雅典共和国而遭受可怕的死刑。在古希腊，被判死刑的人常常被强制服用毒参。在苏格拉底之前，塞拉门尼斯和波勒马库斯都被判处了饮下毒药的刑罚。不过毒参的使用并不仅限于此。旅行家和植物学家图内福尔（Tournefort）写道：“凯阿岛只能养活一定数量的居民，法律规定超过 60 岁者必须饮下毒参药水。”有著述者也提到乌头，可以猜测这两种植物都会用到。瓦勒里乌斯·马克西姆斯（Valerius Maximus，公元 1 世纪古罗马作家和历史学家。——译注）记载，马赛也存在同样的风俗：“在一间公共仓库中存放着用毒参配制的毒药，提供给一切向市议会说明其求死原因的人。”

普拉提亚的阿里斯托菲洛斯（Aristophilos）在《植物志》（*Historia Plantarum*）一书中，记载了一种能让人平缓无痛苦死去的毒药，这种毒药用相同分量的罂粟和毒参配制而成。很多研究古代药典的历史学家猜测，为苏格拉底执行死刑所使用的可能就是这种混合剂，因为正如朗博松（Rambosson）在《实用及稀奇植物的历史和传说》一书中的观点，若非如此，苏格

毒参的特殊性在于，生长地点不同，毒性也有差异。意大利和西班牙的毒参极为危险，相比而言北欧地区的毒参毒性要弱得多。

缓慢的死亡

“30—45分钟的时候，中毒者感觉体力虚弱，他大量流口水，通常会感到恶心欲吐，浑身发抖，头晕目眩，腹部发生痉挛。他可能会发生呕吐，本能地吐出大量摄入的毒参。也可能会出现身体抽搐，甚至癫痫发作。中毒者通常会失去知觉，大口大口地喘气，呼吸道发生阻塞，浑身冒汗。若是摄入足够的剂量，他将很快变得无可救药。致死的剂量约为50毫克毒芹侧碱或6枚新鲜毒参叶，中枢神经、肌肉和运动神经都将陷入瘫痪。”

引自罗森茨维格（Rosenzweig）:《历史上的毒品》（1998）

拉底怎能到最后咽气之时还在思考哲学问题？

毒参的根很容易与多种植物，例如欧防风、旱芹、欧芹或蜡叶峨参相混淆，只有凭借其独特的气味，才能区分它与其他植物的不同。把毒参错认为欧芹，造成欧芹的声名狼藉，使它拥有如此恶名，以至于过去的人们把魔鬼叫作“炒欧芹”。人们甚至认为这种欧芹是巫师的至爱，能让企图移植一株欧芹的人在年内丢失性命。

用手指将毒参揉搓，它会释放出一种难闻的味道，并且渗入皮肤。有人觉得这种气味像老鼠尿，有人觉得它像猫尿，不过，气味的问题总会让人浮想联翩。

毒参是女巫制作魔法油膏的必备配料之一。传说女巫甚至骑着一根毒参茎就能飞上天空。毒参让人感到不安，被认为是一种危险的恶草，茎上的红斑仿佛鲜血一般。它还是壮阳药和堕胎药。莎士比亚在《麦克白》一剧中描写女巫使用毒参来提升法力，占卜未来。

在花语中，毒参代表勇敢和心痛。图中两人正在进行一场决斗！

圣哲罗姆（Saint Jérôme，公元4—5世纪的基督教学者、圣经翻译家。——译注）在一封书简中提到，埃及的教士为了保持童子之身，每日饮用毒参配制的饮品，让自己“阳痿”。在伊朗，过去人们使用毒参汁涂抹祭祀中使用的刀具，以提升其法力。

有这样一个事例，意大利有个葡萄园主，与妻子晚餐时误把毒参当作欧防风吃掉，然后就若无其事地去睡觉了。不过到了半夜，两人都醒了过来，满屋里跑，灯也不点，

地底巫婆

“一天，哈丁齐国王正用晚餐，出现一位老巫婆，她从火堆旁的地下探出头来，手里拿着一根新鲜的毒参。她举着这根毒参问国王的侍从，在隆冬的天气里如此新鲜的草是从哪里长出来的？国王听到喧闹声，想知道发生了什么事，于是穿上外套前来观看，老巫婆抓住他，钻进地里，带着他直到地狱，让他见到地狱里的魔鬼，再把他毫发无损地带回地上。”

引自奥劳斯·马格奴斯（Olaus Le Grand）:《北土志》（1561）

美索不达米亚的祭司采摘毒参，能得到星辰的保护。

发起狂暴症来，到处碰壁。他们撞得鼻青脸肿，血迹斑斑。第二天他们都得到了很好的治疗。

兰伯特·多东斯（Rembert Dodoens，16世纪荷兰园艺学家。——译注）在一部植物著作中称，把毒参“敷在男童的睾丸上，可令他们无法长大；敷在女童的乳头上也有同样的效果”。他认为毒参与天仙子和鸦片一样，具有止痛功效。在过去，建议饮用葡萄酒来消除毒药的毒性，不过绝不能把两者掺在一起服用，“若是把葡萄酒和毒参一起服用，会大大增加毒性，致死率非常高，因此把毒参药水与葡萄酒、醋或柠檬同服者无可救药”。

谁是死于毒参的人？苏格拉底显然是一位，但不是唯一的一位。

LA VIE DE SOCRATE. — 4. Socrate et Xanthippe.
PRODUITS LIEBIG : simplifient le travail culinaire.

秋水仙

Colchicum autumnale–百合科

在下毒女巫美狄亚的国度

植物特征
◆有3片至4片叶子，竖直披针形；
◆新茎近白色；
◆旧茎褐色卵形；
◆淡紫色花瓣，有光泽；
◆易与番红花混淆。

杀狗草

在法国和地中海周边地区已知存在数种秋水仙。最常见的秋水仙拥有多个俗称，比如谢纳尔德、小灯芯、杀狗草，在有害植物当中享有一定的知名度。

秋水仙的鳞茎散发着一股令人厌恶的强烈气味，内含一种乳状汁液。秋水仙的繁殖依靠每年长出的新鳞茎取代旧鳞茎，并长出新花，因此秋水仙得到了一个奇怪的绰号，叫作“不穿衬衣的女人”。

古希腊人把秋水仙叫作kolchicon，或是hermodactylos，意为赫耳墨斯的手指，有时候也叫它“短命花”（éphéméron），因为它的花期极短。不过“短命花”这个词也用来指其他几种植物，因此在古代作家的笔下造成不少困扰。

战斗

在崇拜玛兹达的摩尼教中，有益植物之神豪摩帮助光明的守护精灵弗拉瓦希侍奉阿胡拉·玛兹达，与阿里曼做斗争。阿里曼是破坏神，放出大量邪恶的魔鬼、魔法师和下毒女巫来对抗善的力量。下毒女巫使用魔鬼草药秋水仙举行黑魔法仪式。秋水仙是下毒女巫最常用的有害草药之一。不过很难知道她们所用的究竟是哪一种秋水仙。

秋水仙（colchique）之名来自科尔基斯（Colchide），可怕的下毒女巫美狄亚的国度。这个王国是古希腊的殖民地，近乎存在于传说之中，有人认为位于黑海东岸，也就是高加索地区。之所以把秋水仙与美狄亚联系起来，是因为在这种植物当中发现的毒性。传说美狄亚被伊阿宋抛弃后，妒火中烧的她送给伊阿宋的新欢克瑞乌萨一件浸过秋水仙汁液的裙子和冠冕。这个可怜的年轻女子因为汁液的骇人烧灼而立即死去。虽然这只是神话传说，不过能够想象这种植物的毒性之强，因此过去说秋水仙含有“死亡汁液”。

巫师使用以秋水仙为主要成分的油膏来下咒和魅惑，据说秋水仙能造成惊恐和痉挛，如果不想置对方于死地，就需要把握好剂量。过去的人还把秋水仙的种子与芥菜籽等香料种子混合在一起来达到目的。在琐罗亚斯德教或拜火教中，恶神使用很多

在草地里秋水仙鲜花盛开：小心危险！

秋水仙杀狗，但杀死的不仅是狗。把秋水仙加到奶里，也能杀死人。

有毒植物。阿拉伯有一个非常古老的习俗，把笃耨香与明矾一起燃烧，用得到的火炭来炙烤秋水仙的鳞茎，据说这种方法能够查明小偷的身份。当时的人们认为魔法火盆里冒出的烟会显出罪犯的形象。用同样方法可以认出出轨妻子的情人的身份。

秋水仙如此可怕，以至于过去的人用它做护身符来远离瘟疫。

在乡下，人们总是警告孩子，在秋天点缀牧场的这些美丽淡紫色花朵不可靠近嘴唇，否则会非常危险。秋水仙在植物疗法和顺势疗法中也是一种有名的药用植物，但必须谨慎使用。有很多例子可以表明这种植物的危害性，而且长期接触就能造成服食中毒的症状。古希腊作家尼坎德（Nicandre de Colophon）写道："这种植物会造成皮肤发红及灼烧感，还会导致肠胃绞痛和呕吐。"卡赞（Cazin）则观察到，人接触秋水仙会出现"恶心和关节炎症，之后陷

消灭秋水仙

众所周知，只要食用几克秋水仙的鳞茎就足以置人于死地，不过它的花朵也同样危险。曾经有一个女仆，为了治好间歇性发烧，吃下三四朵秋水仙花，结果在极大的痛苦中丢了性命。秋水仙的籽也显现出不小的毒性，在过去的数年间，曾发生将这些种子混入草料中被牲畜吃掉，致使山羊或绵羊的奶水具有毒性，其中含有相当剂量的秋水仙碱——秋水仙中的活性成分。这就是老百姓要根除秋水仙的一个原因，因为他们觉得秋水仙是有害植物。过去，在牧场中到处可以看到，很多拿着小鹤嘴锄的村民连根拔除秋水仙，这种做法在20世纪中期的时候才消失。

入沉睡”。它的鳞茎让人想起因患痛风而萎缩的脚趾，因此按照帕拉塞尔苏斯的“药效形象说”[Paracelse，16世纪瑞士医生和神学家，他的“药效形象说”（théorie des signatures）认为植物的外形特征与其药用功效存在对应关系，这与古代“以形补形”的朴素观念存在联系。——译注]，过去人们将它用于治疗痛风。

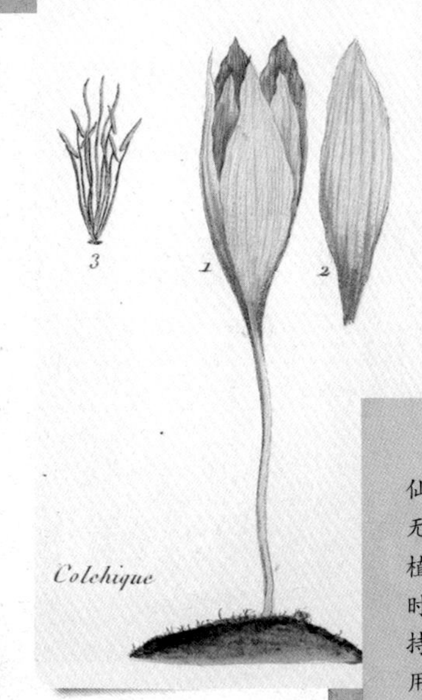

不过，看着秋水仙娇嫩的花瓣，人们无法想象这种柔嫩的植物是有毒的。任何时候都要对大自然保持警惕，至少是在使用大自然的产物之时。

多东斯还认为，秋水仙的根部与蘑菇一样具有麻痹作用。有很多资料记载秋水仙对神经系统的作用，以及活性成分以小剂量在体内逐渐累积的过程中，毒性的作用会缓慢发展。很可能因为这些独特的性质而值得研究其在巫术中的用途。

今天，秋水仙中毒的案例十分罕见，通常是马虎的采摘者把它当作熊葱或其他相仿的植物。不过中毒者不再会丧命，中毒防治中心对此已有防备。秋水仙碱——从秋水仙中提取的主要化学成分——已经列入现代药品名录，曾经被大规模消灭的秋水仙又因为其药用价值而重新得到种植。

PLANTES VÉNÉNEUSES.
Colchique commun.
(Colchicum autumnale).
Fruit.
Fabrication de la teinture d
VÉRITABLE EXTRAIT DE VIANDE LIEBIG

秋水仙的可怕提取物如今用在制药上。

植物特征
◆一年生灌木植物，高 40 厘米至 1 米，生长于荒地和瓦砾堆上；
◆茎粗，叶无毛，不对称，有锯齿；
◆花近喇叭状，白色；
◆初生的果实为绿色，成熟后状如栗壳斗；
◆种子小，褐色，包裹于蒴果之内。

曼陀罗

Datura stramonium L.-茄科

美丽的催眠草

斯特拉莫恩

斯特拉莫恩（stramoine）是曼陀罗的俗称。没有文字记录显示古希腊人或古罗马人认识曼陀罗。有一个重要的情况需要考虑在内：古代植物很多都拥有多个名字，有时与我们今天所知道的名称相去甚远，对植物品种的分类标准也存在不同，比方说以植物的用途或与星相学的联系来分类，因此有时很难按图索骥。历史学家认为斯特里克斯（strykhnos）或斯特吕克农（struchnon）可能与四种植物有关，其中就包括曼陀罗。

曼陀罗的原产地现在还有争议。有的历史学家坚持亚洲原产的观点，还有人倾向于认为美洲为原产地。它的布满尖刺的果实“能导致严重幻觉”，大约在1577年被引进到西班牙，并在那里被命名为burladora（滑稽果），后又移植到意大利和奥地利的植物园中。它后来的历史与巫术紧密地联系起来，直到18世纪的时候，极大地影响了大部分欧洲地区。“魔鬼之草”“催眠草”“大力果”，这些名称就能说明问题。对于冒失者来说，这种植物很危险。过去曾将它用于治疗骨折甚至动手术，

曼陀罗有一定的知名度，并且拥有多种俗称，诸如“鼹鼠草”“刺果”“菠菜颠茄”“索特穆瓦纳”“园茄”“埃斯特拉蒙”。

致命的幻觉

曼陀罗含有两种性能猛烈的生物碱——天仙子胺和东莨菪碱，它们的功效已经为人熟知。这两种物质可以在很多茄科植物中找到，能够影响人的中枢及周围神经系统，而且整株植物都毒性极强。中毒会引起一种昏迷性精神错乱，无药可解，甚至可能导致死亡。造成死亡的原因，并非总是呼吸功能衰减或重要器官损伤，通常与中毒状态下的非理性行为有关。一份医学报告提到，有两个人坚持在水池里游泳，寻找红眼海豚，曾有人劝阻他们。于是，在无人看管的情况下他们睡着了，等到人们再发现他们的时候，他们已经溺水而死。

引自 J.W. 高迪（J.W.Gowdy）:《毒物学病例研究》（1972）

不过因为可能会引发意外的影响而放弃了对它的使用。如今，曼陀罗重新出现在顺势疗法中。

非自愿食用曼陀罗，会导致受制于人，我们从多个例证中发现，曼陀罗成为让人屈服的有效武器。据说在18世纪末，所谓“催眠师帮派”猖獗于巴黎和其他大城市，他们让过路人喝下掺了曼陀罗的酒，然后把他们的财物洗劫一空。受害者醒来后往往茫然无知，认不出匪徒，也记不起自己遭到的侵袭。被抓获的匪首承认，很多受害者因喝了曼陀罗酒而一睡不醒。

古罗马的妓女把曼陀罗种子放在酒里给嫖客饮下，趁机偷他们的东西。为了掳夺部落里的少女，白人奴隶贩子在各家各户的屋子里撒曼陀罗粉。文艺复兴时期，仁人君子视曼陀罗为一种壮阳药，他们声称它是妓院老鸨、勾栏常客和轻薄公子手中的魔鬼春药。到了15世纪，判了死刑的可怜鬼并不会交由刽子手行刑，而是交到蒙彼利埃大学的医生手上，医生们把他们浑身涂抹曼陀罗汁，然后进行活体解剖，据目击者说，他们不会流露出任何痛苦。塞维涅夫人（Mme de Sévigné，17世纪法国女作家。——译注）也曾这样写道：曼陀罗“是一种让人所得超过所想的毒药”。

Triage et décortication des fruits de datura.
SOLANÉES.
Le datura stramoine.
Russe de la Crimée.
Véritable Extrait de viande LIEBIG.

鞑靼人种植曼陀罗以作药用。

詹姆斯镇之草

"在北美殖民时期，一名军队厨子不经意地把一份曼陀罗沙拉提供给驻扎弗吉尼亚州詹姆斯镇的军队。结果士兵们吃了后得了狂病，据目击者说，他们的行为十分怪异。有一名士兵不停地往空中扔羽毛，而另一名士兵脱光衣服坐下，好似一只猴子，还冲别人嘟囔，或是轻吻、抓挠同伴，在他们面前傻笑。"他们未被判死刑。后来，这种植物被命名为詹姆斯镇之草。

引自基督教哲学家罗森茨维格:《历史上的毒品: 在药剂和毒药之间》(1998)

她所描写的是想勾引男人的寡妇，她们只有这个法子。乌列·达·科斯塔 [Uriel Da Costa (1585—1640)，葡萄牙哲学家。——译注] 写道:"(曼陀罗) 使用如此寻常，因此几乎所有弃妇都会搞来大量曼陀罗药。"

17 世纪的医生和植物学家加布里埃尔 (Garidel) 记载，在埃克斯城有个老妇人，用曼陀罗籽迷惑了很多良家少女，趁着她们意识不清把她们卖给了浮浪子。据说她们被交还给自己的母亲时还懵然如在梦中。在墨西哥，少女们制作爱情灵药，以获得不愿屈从的青年的钟情。

有些历史学家把马克·安东尼的军事失败归罪于曼陀罗。在公元 36 年对小亚细亚的帕提亚人作战时，他麾下饥饿的士兵找到一种不知名的植物，

甚至有人喂猎犬吃曼陀罗种子，让它们更有精神追逐猎物。

茨冈人之草？

植物学家保罗·富尼耶（Paul Fournier）撰文，对所谓茨冈人（茨冈人即迁徙民族吉卜赛人。——译注）在欧洲各地传播曼陀罗的观点提出质疑。长期以来，茨冈人被指责走到哪里，就靠着巫术把曼陀罗带到哪里。

“曼陀罗常见于流浪部落所在之处，但并不一定说明它是他们带来的。虽然他们确实自18世纪以来为曼陀罗在某些地区的扎根和传播做出贡献——他们大量使用曼陀罗……但他们的作用仅限于此……长满尖刺的曼陀罗像其他一年生植物一样，生长极快，几个星期的时间就能抽枝分叉。它的花期延续到寒风乍起之时，种子成熟很快。此外它的种子发芽能力很强，自我存活的时间也很长。植物学家认为，翻动泥土可以让它的种子从一个世纪没有翻耕过的地方发出芽来。曼陀罗或早或晚的出现，都被归功于茨冈人和他们的巫术。然而，如果确实如此，就可以随着茨冈人迁徙到不同的国家而发现曼陀罗的引进。1322年茨冈人迁徙到克里特岛，那时这里还没有曼陀罗；1414年，他们迁徙到了瑞士，而瑞士引进曼陀罗要等到18世纪；1420年，茨冈人抵达丹麦，然而直到1688年，丹麦人还不认识曼陀罗。可以断定，曼陀罗的引进和茨冈人的迁徙之间，不存在任何历史联系，而最早对巫术的审判比曼陀罗出现在欧洲的时间要早得多。”

引自保罗·富尼耶：《自然》（1941）

茨冈人和曼陀罗：两者之间的关系并不确定，可以说没有太大关系，虽然谣言由来已久。

然后吃了下去，“这种植物让他们发疯并丧命”。

曼陀罗是制作女巫午夜聚会油膏的重要配料。

在亚洲和美洲，曼陀罗从古至今都作为秘仪和占卜之用。在新墨西哥州的祖尼人当中，曼陀罗专属于求雨祭司群体，只有他们才能采摘曼陀罗根。他们制作曼陀罗粉，撒在自己眼睛里，趁黑夜与雨神沟通。墨西哥的塔拉休玛拉人把曼陀罗种子加到“泰斯奎诺”里，这是一种仪式用的玉米啤酒。多个印第安部落在男孩的“成年”仪式中会使用曼陀罗。一连数日，他们要喝下一种曼陀罗饮品，目的是让祖先引导他们进入新生活。

女巫的午夜聚会油膏经典配方

在遮盖严实的容器里置入如下材料：100克猪油、10克曼陀罗、5克上等哈希什、少许铁筷子根、少许研碎的葵花子。在容器里塞满大麻的花朵和虞美人花。把这些材料放在炖锅里用文火煨炖两个小时，然后揭开锅盖，熄火。在睡觉之前，把油膏抹在耳后、颈部、腋窝、交感神经系统区域直到身体左侧。

园艺养殖的观赏性曼陀罗，现在命名为木曼陀罗，也同样是有毒的，要小心！

一个让人跳舞，另一个让人打转

19世纪末的药学家吉尔贝认为：“颠茄让人手舞足蹈、东奔西跑；曼陀罗让人待在原地，不停地旋转，不逾越一个很小的空间。”有化学家认为，这种现象的原因在于东莨菪碱和天仙子胺在两种植物中所含的比例不同。

中国有一句与曼陀罗有关的俗语，大意为：若是笑着采撷曼陀罗花与酒同饮，则这杯酒让你微笑；若是一边跳舞一边采撷，则这杯酒让你跳舞。

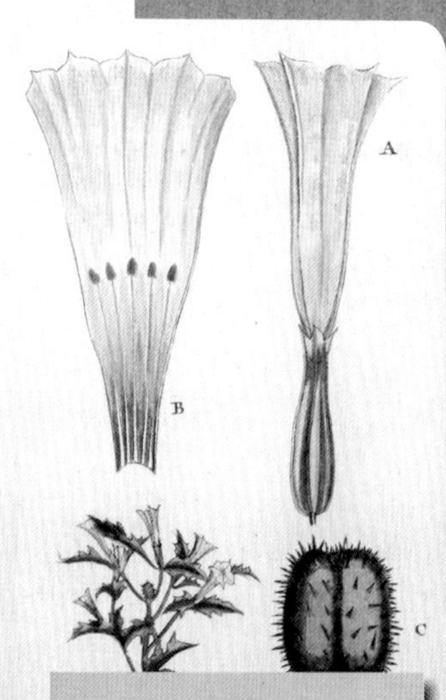

在伏都教的“还魂尸”仪式中，要使用一种以曼陀罗为基础的合剂。

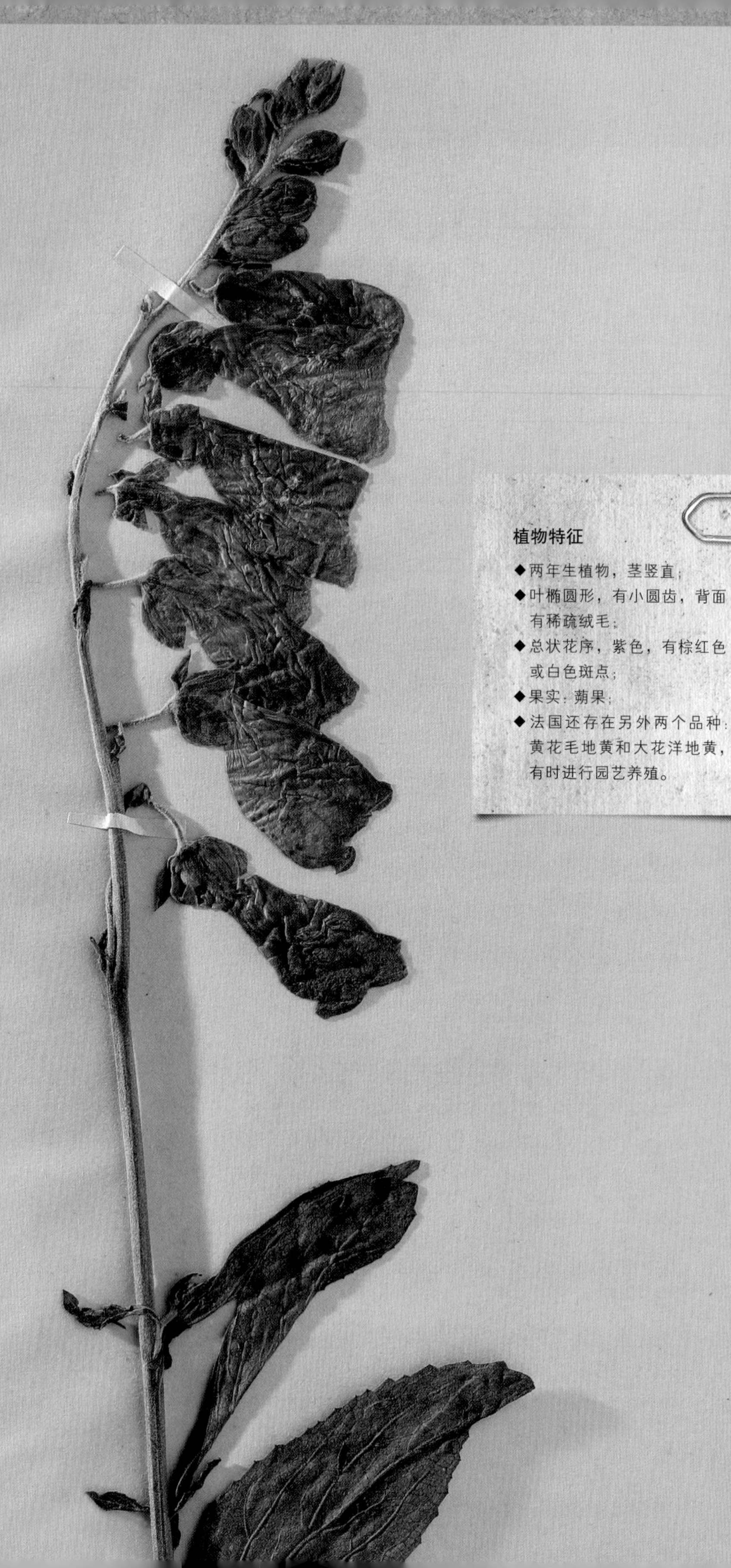

植物特征

- ◆两年生植物，茎竖直；
- ◆叶椭圆形，有小圆齿，背面有稀疏绒毛；
- ◆总状花序，紫色，有棕红色或白色斑点；
- ◆果实：蒴果；
- ◆法国还存在另外两个品种：黄花毛地黄和大花洋地黄，有时进行园艺养殖。

毛地黄

Digitalis purpurea L.–玄参科

能治病也能杀人

有毒的手指

历史学家进行了大量研究，似乎证实古代希腊、罗马时期的人不知道这种植物。地中海地区的气候不适宜毛地黄生长。它的学名 *Digitalis* 意为手指，源于花朵的独特形状，并因此在法国和英国产生大量俗称，“牧羊女的手套”（gant de bergère）来自前者，“狐狸手套”（fox glove）则是后者的代表，狐狸在乡下被视为危险精灵的化身。在德国，毛地黄也叫作 *fingerhut*，意为“顶针”。文艺复兴时期的著名植物学家兰伯特·多东斯在《植物论》一书中甚至也说它是一种红色的顶针。他还说，这种植物生长于幽暗的山谷、蕴藏“铁矿和煤矿”之地，还有一种开黄花的毛地黄叫作“含铁毛地黄”。

人们长期把毛地黄与完全无害的风铃草相混淆，也使用过“风铃草”的俗称。

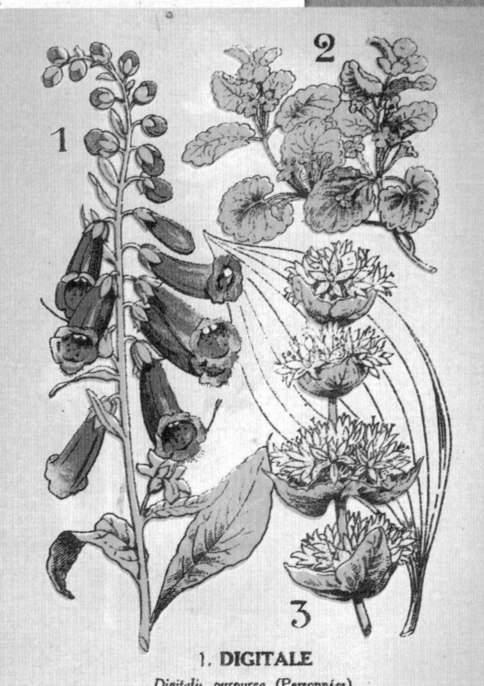

研究者注意到，毛地黄有益于其他植物，例如西红柿、土豆和几种果树的生长。人们发现，把毛地黄叶子煎成汤剂

加入水瓶里，可以让稍有枯萎的鲜花重新焕发生机。乍看上去它发挥的作用是有益的，不过这显然低估了它，曾经有一段时期，毛地黄的可怕能力并不为人所知。9世纪的修士医生斯特拉波认为毛地黄是控制性欲的最好药物之一，或许他作为神职人员亲身测试过它的功效。

尽管使用毛地黄非常危险，甚至可能致命，不过直到中世纪末期对于毛地黄的使用都很常见，有时会把它作为催泻药用以治疗某些肺病。乡下人知道它是危险的，会小心翼翼用药。巫师可能用它来缓慢下毒，也会利用它的致

缓慢的死亡

“在开始服用此种药品8天后，可以观察到心跳变缓，同时心脏收缩力变大。在神经系统方面，可以看到头脑昏沉、头痛、耳鸣，有时出现幻觉。之后，还可以观察到它所造成的肌肉系统的虚弱。如果摄入量足，会出现严重焦虑和上腹疼痛、恶心和无法抑制的呕吐，眩晕会越来越严重，皮肤变得冰凉，出现凹陷可以致死。还会不停地打嗝，脉搏散乱，时而加速时而放缓，有时可见痉挛。务必牢记毛地黄的中毒现象具有潜伏性。服用毛地黄后，迅速死亡的情况很少，除非加大剂量。通常，死亡是缓慢降临的，在服毒后8天甚至10天，本以为患者已经得救的时候才咽气。”

19世纪的兽医和动物学家夏尔·科纳万（Charles Cornevin）医生记载的毒性发作过程。

幻作用，不过要同时保持谨慎，因为仅仅几片叶子就能置人于死地。不幸的是，今日很难再看到相关的记载。马松（A. Masson）医生在《17世纪的巫术和毒药学》一书中说，毛地黄向来与其他植物混合在一起使用。

在威尔士地区，据说妇女从毛地黄叶子当中提取一种黑乎乎的染色液，用来驱除邪恶力量。她们在房屋的接地处画上黑色的十字架。在某些著作中提到被七根黑刺刺穿的毛地黄是致死春药的配料之一。

随着化学和医学的进步，到了18世纪，英国一位名叫威瑟林（Withering）的出色的药剂师发现毛地黄含有一种化学成分，某种强大的葡萄糖甙，他把它离析出来并命名为洋地黄毒甙。这种植物可以用来治病救人，然而也有证据表明可以置人于死地。

在乡下司空见惯的毛地黄曾被用来施行巫术。用法是把它悄悄添加到烹制好的菜肴里。“天然的淡而无味的白色禽肉，在需要的时候被添加一些调味品，如几枚颠茄、毒参、毛地黄或其他魔鬼萝卜的替代品的叶子，它们都不容易被发现。”

向奶牛行使巫术

药剂师和草药贩子知道，晒干后的毛地黄失去原有气味和苦涩口感，牲畜也会误食。有的巫师会把几枚毛地黄叶子混入奶牛的饲料当中。吃了毛地黄的奶牛在几天后会变得虚弱起来，只能产出稀得像漂白水一样的奶水。焦灼的养殖者向巫师求助，巫师就立即赶到。他对奶牛检查一番，宣称这些牲畜中了巫术，只有一种方法能解除。不言而喻，只有他一个人知道该怎么做。像往常一样，巫师让所有人都离开畜栏，然后才开始施法。一旦只剩他自己，他只需要从饲料里挑出毛地黄叶子，再煞有介事地耍耍巫术那一套，免得别人怀疑到他的头上，然后喊来农场的居民，告诉他们一切都搞定了。他会从农场主人那里得到一笔报酬。几天后，奶牛正常产奶了。直到20世纪60年代，这些做法才最终消失，因为现代化学逐渐进步，能够对饲料进行分析，及时发现任何有毒植物的踪迹，使迷信再无存身之地。

化学家们还发现，乙醇和乙醚可以长期保存毛地黄的毒性。这就是犯罪分子所需要的一切：使毒性缓慢地发作，在其恶行未被发现引起不安以前溜之大吉。

布兰维利耶侯爵夫人（17世纪法国著名的连环杀手，原名玛莉玛德莲·玛格莉特·德奥贝——译注）被指控使用毛地黄犯下罪行。后来一直到20世纪中叶，毛地黄都是犯罪分子下毒的专属植物。

药剂师有时会把毛地黄的叶子与其他植物弄混，比如玻璃苣或聚合草的叶子。

直到1900年，还能发现有人故意拿其他植物（鼠尾草、土木香、龙葵）冒充毛地黄，因为草药贩子认为毛地黄罕见难寻，植株形单影只，株群稀疏。

毛地黄虽然很危险，但也是一种美丽的庭院观赏花卉。

梵高与毛地黄

梵高与毛地黄之间有着一种特殊的关系，而且人们都知道梵高服食各种可能影响感知的物质。甚至在他为加谢医生创作的多幅肖像画中的一幅，可以看到毛地黄。这株毛地黄开的是黄花。霍斯泰特曼（K. Hostettmann）在其近著《毒性植物百科》（2002）中提出一种假说，梵高时常犯恶心，有时眼睛出现问题：黄色眼晕、闪光盲点，还会有心动过速、心房纤维性颤动。

“有人认为梵高晚期作品中大量出现黄颜色以及光晕，这是毛地黄中毒所造成的后果。虽然在19世纪末的时候，确实提倡用毛地黄治疗癫痫，不过这并不能断言梵高在某一时期用过毛地黄治疗神经疾病。他在某些时期饱受精神疾病的折磨，与其他植物成分不无关系，他曾经大量摄入苦艾中的侧柏酮，还把樟脑放在枕头下面治疗失眠，他时而饮用松节油，这可能导致了他患上间歇性卟啉病。”

毛地黄是香槟省的象征。

植物特征
◆微小菌类，紫黑色；
◆寄生于禾本科植物，主要是黑麦；
◆在麦穗末端可见；
◆切开可以发现内部近白色。

麦角菌

Claviceps purpurea-子囊菌门

灼热之病

致幻的蘑菇

尽管麦角菌在19世纪得到某些历史学家的肯定，不过所有证据都显示了古希腊和古罗马时期的人，根本不了解麦角菌的毒性及其致幻性。这些历史学家可能把寄生在黑麦上的麦角菌与寄生在野生禾本科植物黑麦草上的一种菌类混为一谈。古时候的某些民族肯定注意到了黑麦的麦穗上寄生的菌类，因为在公元前6世纪的亚述古籍中提到——“在麦粒的包壳上存在着有害的小疱”——不过观察到此为止，没人怀疑过被麦角菌污染的面粉与蹂躏整个民族的传染病之间究竟会存在什么关系。

麦角菌过去用来启动分娩。

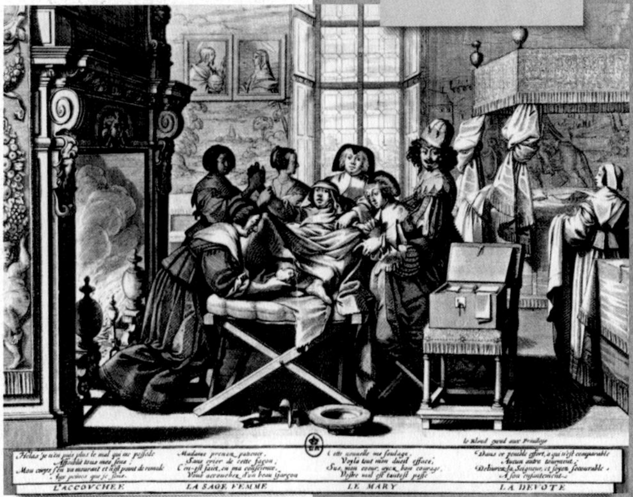

不过很久以前，麦角菌就被用于助产。早在公元前50年左右，中国的古籍里就记载了这种用途。中世纪时，接生婆用麦角菌来启动分娩，因为这种药物会导致强烈的子宫收缩。然而，由于并发症的大量出现，往往导致胎儿窒息死亡的悲惨结果，后来这种药物就遭到禁止。不过“堕胎婆子”不顾禁令，继续使用麦角菌来堕胎。

1918年，瑞士化学家阿图尔·施托尔（Arthur Stoll）离析出麦角胺。

在中世纪，人们从各种手抄本中看到的许多名称：长角的黑麦、病黑麦、黑麦疖、醉黑麦、长刺的黑麦、可怕的黑麦、消瘦的黑麦，等等，说明人们知道疾病来自面包，但一直不能确定这种为瘟疫雪上加霜的传染病的感染源。直到七百年后，才把它确定为麦角中毒或麦角菌感染。

为了更好地理解麦角菌的破坏性，我们有必要稍微花些时间从科学的角度进行考察。我们不要忘记它是一种菌类。麦角菌的真丝体寄生于黑麦、大麦和小麦，在麦粒下面长出菌核，形成一种紫黑色的角状赘生物。开始的时候很柔软，最终变黑变硬。赘生物的两端变细，长度在1厘米至4厘米。与所有菌类一样，麦角菌通过孢子进行繁殖，散布到土壤或稻麦田里。因此这些孢子可以在很短时间内传染至数百公顷的土地。

作为粮食的谷物含有可怕的毒素。

法国最早的麦角菌传染于994年出现，在阿基坦和利穆赞地区当时记录下了令人揪心的经历者的见闻，显示民众深受其害。

“患者会在手脚处出现痉挛和某种失去知觉的症状，病魔带来难以忍受的痛苦，患者会发出声嘶力竭的尖叫。有些患者发作癫痫，令他们在

6—8 个小时内浑身虚脱，有气无力。还有记录提到，一位女性患者被驴子驮到医院。当她撞到一株灌木时，腿部竟然从膝盖处脱落下来，她只好双手抱着这只腿去医院。”［引自约翰·曼（John Man）:《巫术、谋杀和医学》］

还有一份见证词是这样说的：“疾病先从脚部的不适感开始，一种麻酥酥的感觉，很快胃部感到剧烈的灼痛；痛苦依次传递到双手和头部。手指开始强烈痉挛，甚至最强壮的男人也无法控制它，关节仿佛脱臼一样。患者大喊大叫，抱怨手脚如同火烧，同时浑身汗如雨下。痛苦过后，头脑感到昏昏沉沉，双眼混浊。”

有多少被认定行使巫术的可怜人，只是因为麦角中毒？

有的患者最终完全失明或是看东西重影。他们丧失记忆，走路像醉酒一样摇晃，精神失控。有人陷入狂躁，有人陷入忧郁，还有人进入昏迷状态。这种疾病持续两周、四周、八周甚至数十周的时间，其中存在间歇性的停顿。［引自皮埃尔·费朗（Pierre Ferran）:《致命毒草之书》（1973）］

“945 年，巴黎城中及附近的很多村庄，发生了‘火

教会和麦角中毒

四肢变黑并伴有身体灼烧感（坏疽）的人被视为因罪恶而遭到惩罚。因此当时的人寻求教会的帮助，自然是向圣安东尼祈祷，因为他是对抗火、传染病和癫痫的保护者。他受到化身为魔鬼幻象的邪念吞噬，然而他的形象一成不变。他的遗骨保存在多菲内地区的拉莫特欧布瓦教区教堂，已成为病人的朝圣地。11 世纪时，为了援助麦角中毒患者而成立了安东尼修会。

人们试图通过祈祷来阻止麦角中毒这种传染病，结果发生了多次奇迹。之后，人们把它叫作圣安东尼之火，或是炽热病。

疮’疫情，患者四肢逐渐溃烂，只有死亡才能解除这种痛苦。有些人靠着圣人的代祷活了下来。不过很多人在巴黎圣母院获得痊愈。有些人相信自己病好了，想要返回家中，不过回家后，火疮再度复发，只有返回教堂才得以平复。”当时，教堂充当医院救治这些患者。克吕尼修道院的本笃会修士拉乌尔·格拉贝坚持认为这种疾病是神的惩罚：“993年流行一种致命的疾病。这是一种感染四肢的暗火，四肢溃烂后从躯干上脱落下来。在有些人身上，仅在一夜之间就形成这种毁灭性的火灼效果。1039年，神对人的报复变本加厉。一种致死的炽热病让很多人一命呜呼，不论是社会的上层人还是中下层人都逃脱不了。有的人四肢脱落，因此他们四肢残缺，足以警示后来者。”[引自基佐（Guizot，

17世纪发生的塞勒姆审巫案是美国历史上一个标志性事件。在众多假说中，有些理论认为麦角菌毒素中毒在其中起到重要作用。

麦角菌在塞勒姆

400多年前发生在美国马萨诸塞州，塞勒姆的巫术案以及轰动一时的审判，最终被认定受害者的发病原因在于麦角菌毒素中毒。1692年，麦角菌中毒的人发生腹泻或痉挛，她们在法庭上控诉，自己恶心呕吐，感觉像是中了巫术，肠子被掏出来一样。她们所经历的幻觉，皮下发麻，这些都是麦角菌中毒的常见症状。科学家发现，疾病流行的所有条件都赶巧具备，当年降雨较早，春季气温偏高，夏季炎热潮湿。更糟糕的是，麦角菌中毒的流行病在次年中止，那一年是大旱之年。不管怎样，这次卑劣的“假想的伪巫术”事件造成了25人死亡，其中大多数都是无辜者。

1787—1874，法国政治家和历史学家。——译注）《法国史的回忆录》中弗洛多阿尔（Frodoard，9 世纪加洛林王朝的史学家和拉丁诗人。——译注）的记载（索瓦尔译）]

麦角菌和法国大革命

“大恐慌”事件是法国历史上不容忽视的一页，成千上万农民投入破坏和暴力事件，洗劫富裕地主的财产。经历者声称，村民们失去理智，怒不可遏。他们把羊群当作军队，僧侣当作暴徒。他们放火烧掉修道院，拿走档案文书。乡下纷纷传说匪徒要来抢夺收获的庄稼，强奸女人，杀戮孩子。很多人精神错乱、愚蠢麻木。当时的医生把这些恶行归结为坏掉的面粉，并且在报告中记录下来。在当时的孕妇中，歇斯底里和抑郁症的病例也显著增加。人们甚至想到巫术魅惑的可能性。科学家发现一些因素可以证实 1789 年是麦角菌感染面粉的一年。在意大利和英国分别发现感染的情况。有些历史学家还着重指出，民众的大范围恐慌可能导致轻率的叛乱甚至革命，美国研究者玛丽·基尔伯恩·马托西安（Mary Kilbourne Matossian）就主张这一理论。

与鼠疫和霍乱等大规模传染病一样，麦角菌也造成大量民众丧命。

泽漆

Euphorbia helioscopia L.–大戟科

自我鞭笞

植物特征

- ◆一年生植物，茎秆通常无毛，竖直，不高；
- ◆叶椭圆形，有疏密不等的锯齿；
- ◆花为绿色，伞状花序，有伞梗和叶状苞片；
- ◆果实为小蒴果，包裹棕色小籽；
- ◆常见于翻耕的土壤环境。

有这样的早晨……

泽漆（法文原意为"'闹钟'大戟"）之所以起这个名字，是因为如果用接触过这种植物的手揉搓眼睛会感到瘙痒，再也无法入眠。大戟科植物多达约2000种，在全球各大洲都有分布。富尼耶（Fournier）把它们称为一大伙"匪帮"，因为这些大戟科植物无论在植物界还是人类生活中，都因它们各种各样的外形和可怕的毒性而著称。古代人知道多种大戟科植物，并且认为它们具有神奇的能力。它们的毒性有的多有的少，不过汁液外溅总能引起腐蚀现象。它们内含白色微蓝乳液，在空气中颜色变深，可在巫术中使用。

阿里斯托芬在《普鲁特斯》一剧中提及医神阿斯克勒庇俄斯制作的一种药物。他把蒂诺斯岛的三头大蒜放在研钵里研碎，加入无花果汁、大戟汁和斯菲托斯醋，涂在内奥克里德斯的眼睑上作为惩罚。

互相矛盾的意见

“携有大戟茎秆髓质的人更愿意做爱”——老普林尼的记载证明了古代人所认为的，大戟科植物具有催情作用。

中世纪修女圣希尔德加德却提倡用这种植物抑制性欲，她说：“如果男子想熄灭自己的肉体炽热和欢愉之情，他需要在夏季采集一份莳萝、两份水薄荷、少许续随子（大戟属）、伊利里亚的鸢尾根：把这些草药都放入醋里，做成作料，经常与其他食物同吃。”

在大戟科千百种植物中，大戟树（euphorbia dendroides）是最为壮观的。

很难说谁对谁错，不过大戟科植物似乎更具催情方面的作用。热那亚的凯瑟琳的故事似乎对女性不利。在肆虐欧洲的大瘟疫期间，她腰上缠着一根大戟的茎进行苦行赎罪，她说，女人具有深重的罪孽，因此上帝降下这场大灾祸。她甚至呼吁所有热那亚妇女模仿她的做法。老普林尼记载，如果用这种植物的乳液在身体上写字，等到干后可以撒上灰，字迹立即显现出来。有的情郎喜欢用这种方法与情妇传递消息，而不是通过便笺传递。

Défense des Plantes contre les Herbivores.
4) Euphorbe.
Produits Liebig: améliorent la cuisine.

多种大戟科植物的毒性，可保护它免遭食草动物的食用。

小心具有攻击性的大戟

这种植物内含的二萜酯可通过植物乳液喷溅造成眼睛损伤，尤其是致使视觉敏锐度暂时或部分地显著下降，可能需要三周时间才能恢复正常。某些种类的植物有不同程度的危险性。印度产的霸王鞭（Euphorbia Royleana）乳液如果溅到眼睛，可导致完全失明；如果与口腔黏膜接触，可导致严重浮肿。

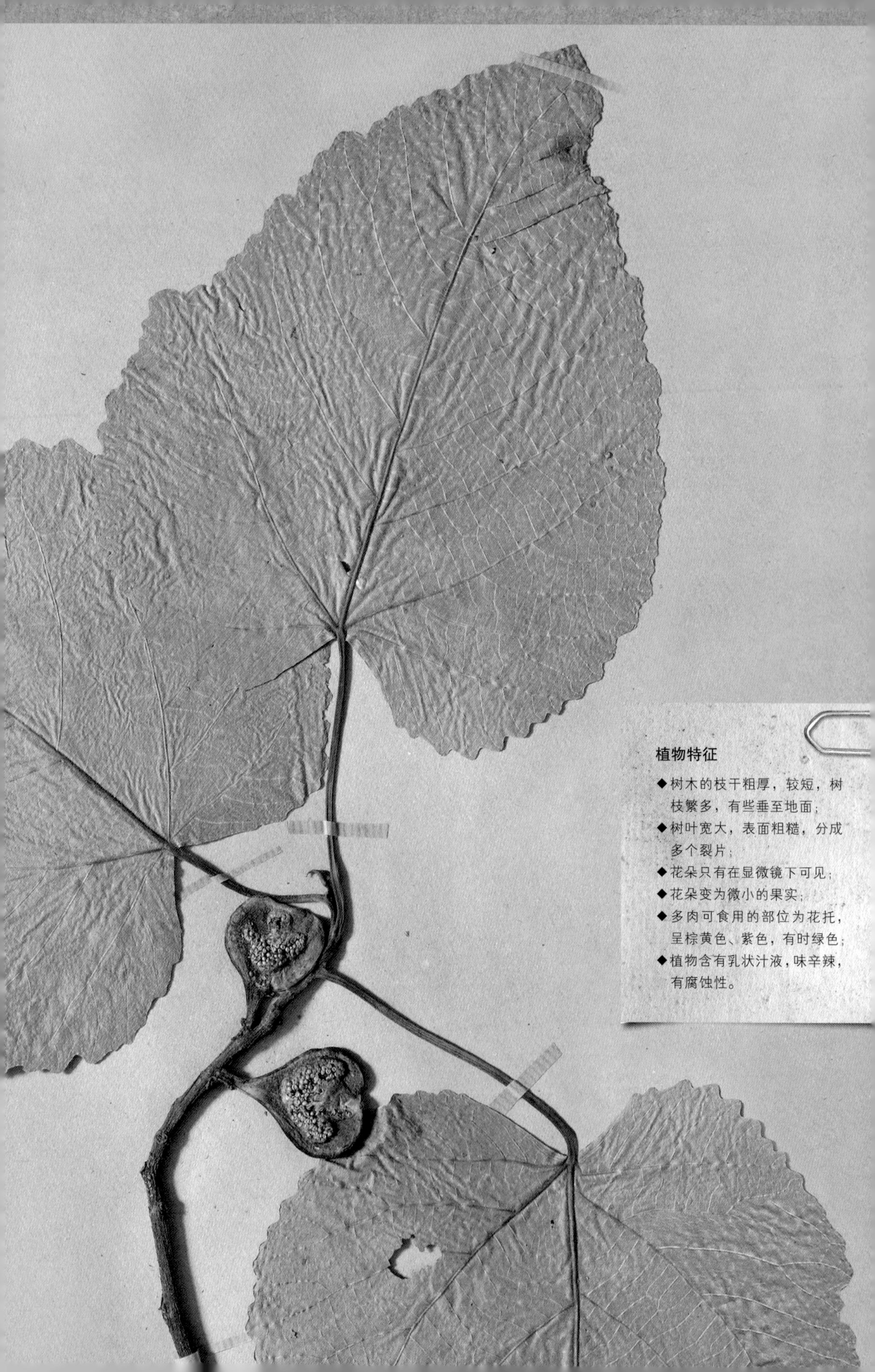
植物特征
◆树木的枝干粗厚，较短，树枝繁多，有些垂至地面；
◆树叶宽大，表面粗糙，分成多个裂片；
◆花朵只有在显微镜下可见；
◆花朵变为微小的果实；
◆多肉可食用的部位为花托，呈棕黄色、紫色，有时绿色；
◆植物含有乳状汁液，味辛辣，有腐蚀性。

无花果

Ficus carica L.–桑科

树叶中藏着魔鬼

花朵被包裹在果实里，这种自然的现象本身就充满神秘。

被诅咒的树

与榛树一样，无花果存在二元性：一方面它有诸多有益的功效；另一方面它存在着有害的功能。这些功能的描写可以追溯到最古老的信仰。在福音书里记载说，耶稣诅咒那不结果子的无花果树，结果那无花果树立刻枯干。亚当食用禁果后，眼睛明亮了，才知道自己是赤身露体，便拿无花果树的叶子，为自己编制裙子。《以赛亚书》38 章 1 节记载说：希西家病得要死，他祷告神，神听了他的倾诉，并让以赛亚去告诉他，要加增他的寿数。在 21 节以赛亚说："当取一块无花果饼来，贴在疮上，王必痊愈。"在《圣经》里，无花果象征着至善和至恶。在古希腊，无花果树也象征生产力与性欲。这种象征可能源于对酒神狄俄倪索斯的崇拜。古希腊人在给普里阿普斯（生殖之神）献祭的宗教典礼上，人们都举着用无花果木雕成的男根。老普林尼列举了很多使用无花果的适应症，有些尚需验证。关于无花果，他写下了大量的文字。无花果可以使牛乳凝结，相当于凝乳素的作用。它既能去除多余的毛发，又可防止脱发。它似乎可以有效地防止多种昆虫和危险小动物的叮咬，包括虎头蜂、黄蜂和蝎子。捣碎的无花果叶可以有效地防止疯狗咬伤。

燃烧如下祭品，实现控制女神的企图

“啊，女神，把这些可怕的香料献祭给你：毛色斑驳的山羊的油脂、血和污垢，死亡少女的血液凝块，夭折的人之心脏，死狗的粪便，妇女身上弄下的胎儿，小麦的薄糠，酸臭的残渣，盐，死去母鹿的脂肪，乳香黄连木，没药，暗色的月桂，大麦面粉，蟹钳，泥炭藓，玫瑰，果核，一只洋葱，大蒜，狒狒的粪便，年轻的鹮下的蛋，还有无花果粉。她把这些全放在祭坛上……她把刺柏树枝丢到火焰里；她杀死一只海鸟、一只秃鹫和一只田鼠献祭给你。”

引自K.普赖森丹茨：《巴黎巫术大莎草纸》，莱比锡-柏林（1928—1931）

无花果的乳液是绝佳的解毒药，可解牛血中毒，因为在那时牛血被认为是有毒的。至于它作为治病的良药，乍看上去它的疗效纯属虚妄，然而，可别忘了，无花果是众多不能在采摘时用手触碰的植物之一。“如果尚未到青春期的男孩折断一根无花果树枝，或用牙齿咬开汁液充盈的果实，并且在日出之前由他本人带回家，那么这根树枝的髓质可以确保他不生瘰疬之病。”

制作神启墨水

这种墨水配方如下：“单茎的蒿属植物、卡塔纳格凯（种属不明）、3枚尼克劳斯的海枣核、金银匠铺子的灰、3枚雄性棕榈树叶和海泡石。”［引自K.普赖森丹茨（K. Preisendanz）：《巴黎巫术大莎草纸》，莱比锡-柏林（1928—1931）］

这种墨水用于书写某些通过巫术仪礼向神提出的要求，巫师要把这些要求写在特殊的莎草纸上。

因此，无花果同时象征神圣和恶魔，既代表生殖和新生，又代表肉体和情欲。在某些论著中，作者把无花果比作睾丸或女阴。这是正统的天主教会所不能接受的，因为它痛恨一切与纵欲性爱有关的东西或象征。于是，教会把无花果列入禁止名录，宣布它是一种恶魔之树。教会援引犹大的传说，因为他“可能”吊死在一株无花果树上，而且教会重新拾起魔鬼藏在每一片无花果叶子下面的胡话。

占卜师和巫师使用大量的无花果树叶进行占卜活动。远古时期风行一时的无花果树叶占卜术是这样进行的：在无花果树的叶子上写下问题或消息，在太阳下放置一天晒干。如果树叶迅速干瘪，回答就是否定的；如果树叶在日落前并不枯萎，就意味着能得到有利的回答。

434 . ROSCOFF. — Le Figuier Séculaire (1610) couvrant 600 mètres carrés
ND Phot.

后来，关于无花果树的迷信说法越来越多。过去的人相信，在炎热的夏季睡在无花果树荫下面，会看到一个身穿僧服的女人，她手持一把利刃，就算不把睡觉者杀死，也会把他痛扁一顿。在普罗旺斯，过去建议在新月的第三天种植无花果树，其他时候种树都是不吉利的，幼树很难存活，它的树枝可能折断或失水。人们还认为，对付兴奋的公鸡和愤怒的公牛，可以把它们拴在无花果树干上，保证它们马上平静下来。

文艺复兴时期的撰述者们不主张多吃无花果，以防虱子和螨虫病扩散。自然地，他们的观点相当值得探讨，不过这种观点可能源于无花果中常常生虫或是果肉本身形似幼虫。由于在果实内部会看到“各种蠢蠢欲动的寄生虫”，人们自然产生防备的意念。

在中东地区，在室内燃烧无花果木是非常冒失的，可能造成母亲或乳母的奶水干涸。

在地中海沿岸的众多文明中，无花果树在性方面的象征是显而易见的。在中东地区，求子心切的妇女用无花果木雕刻一根阴茎，把它浸泡在加了海枣汁的黄瓜瓤子里。北非地区有一首歌曲是这样唱的：“你好啊，紫色的无花果，我的丈夫已经老了；他的膝盖脏兮兮；老天马上要让他断气。所以我可以在第一个遇见的男人的怀抱里寻欢作乐。”无花果与有关分娩的一切事物都存在联系，把新生儿胎盘埋在无花果树下，可以让孩子保持健康。

槲寄生

白果槲寄生（*Viscum album* L.）-槲寄生科

战胜癫痫

有一定的寄生性

槲寄生多寄生在刺槐、杨树、苹果树、扁桃、柳树、花楸、椴树之上，在栎树、榆树、栗树上也偶尔见到。法国各地都有槲寄生的俗称，如乌阿什、基德、维德谢尔纳、“山羊舌”、“消灾”，证明这种植物很常见。据统计，槲寄生所寄生的树木或灌木约有120种。奇特之处在于，槲寄生自己

植物特征

- 半寄生常绿植物，呈球状生长；
- 秋季开花，雌雄异株并存在差异，呈黄绿色；
- 结成串的黏性白色浆果；
- 有多种热带品种。

也能进行光合作用，因此它被归类于半寄生植物。

凯尔特人认为，寄生在栎树上的槲寄生是一种神圣植物，为什么唯独选择在这种树木上寄生的槲寄生为神圣植物？答案有这么几个。首先，栎树本身就象征光明和太阳之力。栎树是一种神圣树木，无论是一块木材还是整片森林，都受到崇拜。槲寄生在冬天孤独地维持绿意，给人以希望，象征植物不可摧毁的生命力和复苏能力。栎树上生长槲寄生，被视为上天的恩赐或是显示这株树被神选中。别忘了，凯尔特人害怕日光和四季因神的愤怒而失常。采集槲寄生选在12月25日到1月1日这段时间，一年当中，这时候太阳在天空的位置最低，夜晚比其他时候更加漫长。这一神圣的仪式象征灵魂不灭以及光明的永恒回归。

在布列塔尼语中，对槲寄生的称呼最多，如乌埃尔法尔；布克勒瓦尔，意为高处的丛簇；伊尔姆克勒瓦德，意为高高在上。

老普林尼在著作中完整地描写了德鲁伊采集槲寄生的仪式，虽然甚少为人所知，但早在古希腊和古罗马时期，德鲁伊就已经在举行祭礼了。

重要提示：想保持槲寄生的功效，就不能让它接触地面。

历史学家眼中的德鲁伊

西西里的狄奥多罗斯认为，德鲁伊是人与神之间的中介。斯特拉波说，他们是哲学家、诗人，不过他认为他们同样是“瓦特”(vates)，也就是祭司。“在所有高卢部落中，毫无例外都存在三个享有特殊尊崇的阶层，即吟诵者、祭司和德鲁伊：吟诵者是吟唱圣诗的人，祭司是主持祭祀和询问天地的占卜者，德鲁伊在生理和自然哲学上具有独立性，从事于伦理和道德哲学的研究工作。他们超脱于民众的迷信之上。他们为所有人所熟知的唯一教义就是灵魂永生。”

“他们在盛大仪式中采集槲寄生：首先，这场仪式在月升的第六日进行。在他们的语言中，槲寄生的名字意为万灵药。按照仪式要求，在树下准备好祭品和食物，他们让德鲁伊上前，有两人爬到树上，用金镰刀砍下槲寄生；下面的人用白披肩接住。然后，他们宰杀牲畜祭祀（通常是白色公牛），祈求神灵把槲寄生有益的禀赋馈赠给获得它的人。”

接下来，槲寄生在所有助手间分享。在任何情况下它都不得接触不纯洁的泥土。只要一碰到地面，槲寄生就马上失去功效。人们认为，这是它逃脱采集者支配的一种方式。

栎树之水

寄生于栎树的槲寄生并不多见，人们相信，服用槲寄生可以吸收栎树的汁液，汲取栎树的力量。在凯尔特的某些方言里，槲寄生叫作“栎树之水”。

高卢战士奔赴战场时头戴槲寄生用以护身。

他们认为，槲寄生具有很多功效，既有巫术的用途，也可用于医药和兽医。由于槲寄生形态浑圆，仿佛月亮形状的灌木，它的球状枝杈象征着一个个小月亮。它还被叫作“金枝杈”，因为强调它罕见珍贵的外形。

古老的著述记载，槲寄生能造成奇异的梦境。它主要获得认可的能力是治疗癫痫，根据槲寄生和癫痫症状之间的外在联系，古人非常相信这一理论。当时的人观察到，癫痫发作时人会跌倒，因此可以用不会跌落的植物来治疗这种病，这就是槲寄生。人们把槲寄生掺到奶牛的饲料里，让奶牛产下更优质的奶。这种植物被认为能让畜群中的母畜繁殖力更强。这一功效也可用于妇女，使其有旺盛的生育能力。有些医生进一步认为，槲寄生之所以具有这样的功能，是因为它的胶质汁液像精液一样黏稠。古希腊和古罗马人相信槲寄生可以解除多种毒药的毒性。

当高卢人赴战场杀敌时，战士的头上都会戴上槲寄生花环，为的是要获得从森林诸神和死去的列祖那里而来的力量。然而，根据凯尔特人的传统，如果敌对双方将在生长槲寄生的树下遭遇，他们便会放下武器，推迟战斗直到第二天。在献祭仪式中，把献祭的牺牲品置于神面前，要用槲寄生装饰战俘或被挑选出来的可怜虫。

艾尔伯图斯·麦格努斯（13 世纪德意志主教、学者。——译注）在他的著作中写道："把槲寄生与罗盘草［大黄之一种（sylphium），古代典籍记载它产于昔兰尼加地区，学者们认为这种草药是某种伞形科阿魏属植物，现今已经灭绝。——译注］混合，可以用它来打开所有的锁。有些魔法书说，在发现槲寄生的地方，曼德拉草的存在必然不远。过去，人们把槲寄生在树上的小灌木丛叫作女巫之巢。"

槲寄生在现代医学中应用广泛，它的浆果有一定的毒性，不过大量服食才会中毒。由于树叶中含有槲寄生毒肽这种有毒成分，因此似乎显得更加危险。槲寄生能导致痉挛，大幅降低心率。古人认为槲寄生所具有的功效，大多得到现代医学证实，日本的阿伊努人信仰万物有灵论，也赋予槲寄生同样的特性。虽然新年的时候挥舞槲寄生的传统仍然存续，不过槲寄生的神性已不复存在。过去，人们会呼喊"奥基朗诺"［O Ghel an Heu，古代德鲁伊咒语，由于发音相似，在中世纪被讹传为"Au gui l' anneuf"（槲寄生庆新年）。——译注］，意思是祈求小麦生长。

防治癫痫

"烤完面包后，用火炉烘烤槲寄生，获得细细的粉末，再用丝绸筛筛过，以保存备用。在新月的最后三天，取一枚金币重量的粉末，用半杯白葡萄酒浸泡整夜，每天早晨服用泡粉的酒，在三天内每天重复相同剂量。"

引自 N. 肖梅尔（N. Chomel）：《提升幸福和健康的经济学词典》（1718 年）

"治疗黄疸病，要用童子尿浸泡九株球状槲寄生，然后把它们绑在患者头顶。"

引自富凯夫人：《慈善团体收集的简单家用药方集》（1682 年）

时至今日，1888 年 12 月 24 日的法令仍然有效，规定业主务必砍下槲寄生，否则将遭到罚款。

植物特征

- ◆直立生长，冬天保持绿色；
- ◆唯一一根茎干，粗壮；
- ◆叶为指状；
- ◆花带绿色，下垂。

嚏根草

臭铁筷子（*Helleborus foetidus* L.）–毛茛科

治疗疯病的药粉

圣诞玫瑰，休战嚏根草。

过于致命

嚏根草（嚏根草也叫作铁筷子，因古希腊神话中多数提到嚏根草，因此本文泛指这类植物时多采用嚏根草的译法，在确指某植物品种时也采用铁筷子的译法。——译注）这个直接来自传说的凶险不吉的字眼，难道不是对它自己的恰当描述吗？它有一系列明显特征，叶子与手掌差不多大，近似钩形的手指；花朵是绿色的，带紫色卷边，呈奇怪的钟形，在冬天的浓雾中绽放；把它从地下挖出来，可以看到黑皮的根部：必须承认，嚏根草确实让人感到不安。除此之外，它的花朵还散发着一股恶臭，也算是“锦上添花”。它俗称“破雪而出”和“狮鹫之足”，引起很多说法，人们对它的能力充满各种最大胆的猜测。已知有十余种嚏根草，其中就有称为“圣诞玫瑰”的暗叶铁筷子（Helleborus niger），称为“四旬斋玫瑰”的东方铁筷子（Helleborus orientalis），还有绿铁筷子（Helleborus viridis），每一种的毒性都不相上下。

古希腊人只区分出两种嚏根草，白色的和黑色的。白嚏根草实际对应的是藜芦，这种纠缠不清的说法一直延续到17世纪。无论是哪一品种，这种植物都被认为具有巫术

杀人的植物

过去，人们知道嚏根草有毒，但对它的毒性不甚了了，与希波克拉底有亲属关系的克特西亚斯做了如下记载：

“在我父亲和祖父的时代，不建议使用嚏根草，因为那时候人们既不了解它可以搭配哪种药物，也不知道如何估量它的药量，或是在使用中如何掌握剂量。医生开出这种药物时，患者可能冒极大危险。很多服用者失去性命，获得治愈者寥寥无几；现在，对它的使用似乎安全多了。”

真的有把握吗？因为，如果考察嚏根草（*hellébore*）的词源，可以看到它来自希腊语 heleïn（杀死）和 bora（食物）。

力量，如果不是从草药铺子里购买，若想得到它，请务必万分小心。

因此，泰奥弗拉斯托斯在公元前 4 世纪时就建议：“采摘黑嚏根草需要冒险，必须面朝东方，看清楚是否有鹰在采摘者靠近的时候飞过来，因为只要有一只鹰飞来，将预示采摘者的死期不远。”

老普林尼还说，挖出这株植物时，要向阿波罗和阿斯克勒庇俄斯祈祷，吟诵一串咒语，还可以用嚏根草叶清洁牲畜和住宅。

安提库拉，嚏根草的王国

中世纪时，嚏根草叫作“埃勒巴尔”，是一种治疗疯病的药物。不过它到底是指哪种嚏根草呢？很难确切地回答这个问题。传说中，嚏根草是属于古希腊城市安提库拉的。一位名叫安提库鲁斯的巫医用“古老的黑色嚏根草”治好了发疯的赫拉克勒斯。爱开玩笑的女神赫拉扰乱了赫拉克勒斯的理智，导致他发疯，把自己的妻儿当敌人用箭杀死。后来他清醒时陷入了绝望，想要自杀。而他陪同忒修斯到达雅典，在城里遇见安提库鲁斯医生，并从他那里得到嚏根草作为解药。这位医生从此成名。后人为他建造了一座神庙，设立每年庆祝的嚏根草节。据说最好的嚏根草来自安提库拉，也就是今日坐落于科林斯湾的阿斯伯拉·斯匹迪亚。该城到处种满嚏根草，成为一望无际的嚏根草田。

有句古老的俗语可以证实这一记载：“驶往安提库拉”，意思是有发疯的迹象。

阿希尔·理查（Achille Richard）在1823年出版的《药物及毒药史》一书中写道，略高一些的剂量（不到2克），“它的根就变成具有腐蚀性的毒药，不幸服毒而亡的人，消化器官会变红，通常遭到腐蚀，胃部充血”。

有一个与安提库鲁斯相似的故事，梯林斯国王普洛埃图斯的女儿们患了疯病，突然要杀死亲生孩子和经过她们房前的过路者，并发出可怕的尖叫。一位懂得巫术的牧羊人墨兰普斯得到国王的召唤，用“墨兰普斯草”——一种嚏根草——药水治好了他的女儿们，国王便把其三分之一个王国送给他作为酬谢。

在《列那狐传奇》中，这种植物被称为“阿里伯隆”，一种万能药。然而“阿里伯隆师傅”也有江湖骗子之意，并先后在引申义和本义上具有了驴子的意思。在寓言故事里，拉封丹提醒乌龟，它要用嚏根草清洗自己，因为它夸口要在赛跑中赢过兔子，这显得太不切实际了。巫师们使用嚏根草根的粉末对抗有害动物。有的巫师心怀恶意，用嚏根草配制油膏，能让人头晕目眩，同时浑身冰冷，陷入虚脱。吉尔贝（他出版了多部有关不吉植物的著作）写道，有时候不幸的患者声称自己置身于冰冷的亡者世界。这种植物用于驱魔仪式，用来驱逐地下世界的黑暗力量。它还是一种能够发动星体投射或魂灵投射的植物。东方铁筷子可用于制作隐身粉末。一旦接触它要立即洗手，要避免它接触嘴唇。

嚏根草与温顺的驴子之间存在的联系，令人感到奇怪而且意外。

植物特征
◆雌雄异株的乔木；
◆树叶常绿而且茂密，深绿色有光泽，呈尖锐针状；
◆花朵较小，绿色，雄花有很多雄蕊；
◆果实为卵形，鲜红色，内有一粒含毒的种子。

红豆杉

欧洲红豆杉（*Taxus baccata* L.）–红豆杉科

毒箭

墓地树种

欧洲只有一种红豆杉，不过其他大洲的树种较多：有中国红豆杉、墨西哥红豆杉，还有加拿大红豆杉。这种树木叶色深暗，树冠庞大而庄严，在古代人的眼中象征着永恒。现存的最古老植株，有的寿命超过一千年。在诺曼底地区，埃斯特里和拉艾埃德鲁托的红豆杉的树冠都延展将近十米；它们都是经历了百年战争的战火而幸存下来的。

Saint-Jean-le-Thomas (Manche) — L'If du Cimetière (circonférence 7m50)

圣让莱托马（芒什省）的墓园红豆杉。

作为上古神树，红豆杉与墓葬仪式结合起来。它守护亡者，象征不朽。它是凯尔特祭司之树，作为凯尔特的智者，祭司们掌握大自然的知识和秘密，执掌医学和法律。在公元前6世纪的俄耳甫斯秘仪中，红豆杉被奉献给赫卡忒，在这些仪式中传授永生和转世之术。

在中世纪，信徒们相信，红豆杉有能力让教堂免遭雷击。然而，无论红豆杉能提供什么恩赐，在大众的信仰中，它仍然与死亡甚至巫术为伴。在诺曼底的栋夫龙地区，过去有一种说法，用“红豆杉浆液”可除掉侵入自家园地的邻家母鸡，甚至能除掉它们的主人。

词源无法确定

据说中世纪的法官和诉讼人集中到红豆杉树荫下。法庭主席（法官）折断一根小树枝，把它递给（法文为 bailler）他认为打赢官司的人。因此产生 baillif（bailler 与"红豆杉"if 的组合词），今日演化为 bailli 一词，是中世纪老百姓对长袍官吏的称呼。

红豆杉可能源于古希腊语的 toxos（弓）。不过也有资料显示，"红豆杉"（if）源自高卢语的 ivos，这个词也衍生出其他几种植物的名称：ive、ivette（筋骨草或松味筋骨草）。

关于红豆杉的传说被到处兜售，以至于到如今，它在乡下的某些地方仍未洗脱恶名。古时候，人们把它的枝叶比作寡妇的头巾。据说红豆杉能够驱逐惯于从地下挖掘尸首的野兽。还有一种说法，它的树叶可以吸收尸体腐败而产生的有害疫气。红豆杉的名气还在于它能堕胎，也能治疗毒蛇和疯狗咬伤。

尼禄皇帝的军医迪奥斯科里德斯认为"（红豆杉）毒性之大，乃至在树荫下歇息的人可能丧命或感染腹泻"。普鲁塔克建议，接近红豆杉树时不要迎着风，因为它充满汁液时会释放一种有害物质。老普林尼在《自然史》中提及，用红豆杉木做成的高卢酒桶会让里面的葡萄酒染毒。哲学家塞克斯提乌斯·尼格尔（Sextius Niger）写过一本药学著作，声称只要在树干上钉入一枚铜钉，红豆杉就可以变得无害。

制弓的木材

红豆杉是制弓的最好木料，因为它刚硬而有弹性，并且不会腐烂。历史学家甚至认为，英军之所以能在克雷西会战中战胜法军，是因为英格兰人使用的红豆杉长弓优于对方沉重而难以操作的热那亚弩。

当代某些学者，包括坎宁安在《魔法植物》（1985）中认为，很早以前红豆杉就种植在墓园里，因为在荒郊野外，墓园是仅有的拦围场所，阻止牲畜入内，可避免牲畜食用红豆杉树叶而中毒。然而除了这个预防措施的假说之外，同时还应考虑在教堂和墓地种植红豆杉，这样会使畜群的主人让牲畜远离这些神圣场所。

全树有毒

红豆杉全株含毒，包括树叶、种子，只有假种皮没有多大危险，然而也不建议大量食用。它的毒性来自生物碱和其他众多成分的混合，目前已离析出百余种成分，其中包括紫杉碱，一种在毒效上接近箭毒的物质：能引发肌肉收缩，甚至强直性痉挛。北美洲原住民用红豆杉汁液为箭头浸毒。

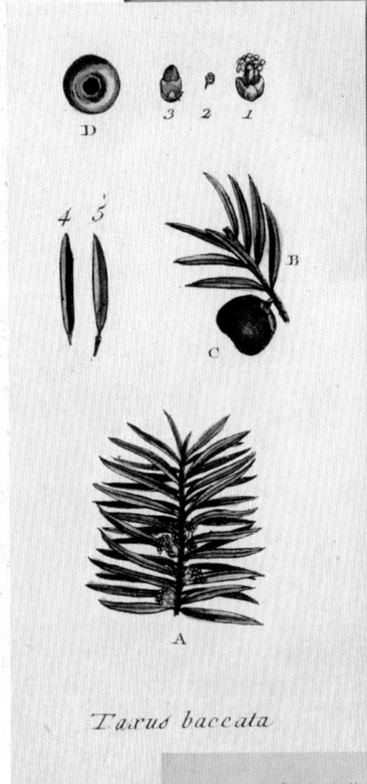

红豆杉的伪浆果有一片肉质的无毒外皮：假种皮。

虽然在加工红豆杉时产生的木屑具有危险性，不过直到19世纪初，人们仍然会在奶瓶里加入几克木屑用以给孩子退烧。罗克（Roques）医生约在1830年出版的《日用植物论》一书中写道，红豆杉的干叶比新鲜树叶显出更高毒性，经过烧煮也不会破坏其毒素，因为已经在中毒动物的肉里发现了这种毒素，而且肉也具有毒性。直接食用浆果，通过消化器官中毒致死的情况十分罕见。通常种子会完好无损地穿过消化器官，不过在特殊情况下，种子在通过消化道时偶尔会使之受损，其汁液内含有的油脂会刺激消化道。

与红豆杉有关的自杀传统十分悠久，凯撒在《高卢战记》中记载，“战败的高卢首领用红豆杉树枝自杀”。安皮奥列克斯失踪后，厄勃隆尼斯人败退。老卡都瓦尔克斯后悔加入这场残酷的战争，他因为年老无法逃命而自杀，以免落到罗马人手里。（引自科兰·戴·布兰西著：《比利时军事大事记暨战争史》，第一卷，1835）

今天，分析显示红豆杉里的某些化学成分，证明它能够攻击癌细胞。一个新的前景展现在红豆杉面前，这次的前景更加光明，然而，采伐红豆杉要注意保护环境。在北美洲，现在已经为了医学目的而种植红豆杉。

植物特征
◆根据品种不同，一年或两年生植物，枝干略有黏性，高度不一，有程度不一的臭味；
◆叶柔软，不规则，有锯齿；
◆花为淡黄色，花冠开放，有紫色叶脉；
◆种子为蚕豆状。

天仙子

Hyoscyamus niger L.–茄科

与皮媞亚对话

“猪蚕豆”

“杀死母鸡”、“阿纳巴纳”（来自德语 hühnertod）、“毛毛虫”、“希纳格兰”、“蒂涅种子”、“猫的鼻烟盒”、“胖嘟嘟”，这些奇怪的名称都属于同一种植物——天仙子。*Hyoscyamus*（拉丁文的天仙子）意为“猪蚕豆”，因为它的果实状如蚕豆。古希腊和古罗马时期的某些作者认为，若是野猪吃了天仙子，它们一定要到溪流中喝水洗澡，否则会发生抽搐，很快死去。采用 niger（黑色）这个修饰词，是因为它的花心是黑颜色的。jusquiame（法文的天仙子）这个名称到 13 世纪才出现。古希腊罗马时期的人已经熟悉如何分辨不同种类的天仙子，而且他们知道它的危险和功能。他们辨认出四种天仙子，正如老普林尼在《自然史》中指出的那样，有黑籽品种、接近全紫花朵的品种、加利西亚地区生长刺萼的品种，还有较白和枝杈较多的普通品种。第三个品种的种子像“水蒜芥”（一种未确定的十字花科植物），可以明确的是第四个品种的叶片柔软而有茸毛，比其他种类更加肥厚，种子为白色，生长于沿海地

“杀死母鸡”是它众多的俗名之一。不过，人们不会拿它来对付家禽。

区。迪奥斯科里德斯完善了对这种植物的描述，补充说明前两个品种能让人发疯、头痛，要谨慎使用，“须用白色的，摒弃那更劣质的黑色的品种”。

这些描述无疑显示古代人通过经验和观察而获得的关于天仙子的知识。作为巫术植物的一部分，它们被置于宙斯的统治之下。人们给它起了多个与宙斯有关的名字，例如 huoskuamon（宙斯蚕豆）和 alcharanios，它还被叫作 emmanes（让人疯狂）。

13. Jusquiame.

特拉雷斯的亚历山德罗斯（Alexandre de Tralles，公元 6 世纪的希腊医生。——译注）记述了如何采摘天仙子，需要花两天时间分两次进行：“当月亮位于宝瓶座或双鱼座时，在日出前挖出圣草天仙子的一部分，不要触碰根部。要用左手的拇指和食指捏住，并且念出下面的话：‘我告诉你，圣草，我明天召你去菲利亚斯的家里，让你止住……（某某人的）手脚肿胀。’次日日出前，取一块死去动物的骨骼，用它把这株植物带着根全挖出来。握着这株植物，向根部撒一把盐，同时念道：‘盐不会增多，某人之病也一样。’”

过去有一种说法，在天仙子的花朵里能看到魔鬼的眼睛。

历史学家埃利亚努斯建议采用另一种办法，用动物当作替罪羊或弃子，去承担不遵守采摘天仙子的神圣规则而导致的危险。这是一种借助鸟儿，避免用手触碰植物的巫术活动：“采摘天仙子的方法是，在植物周围挖小洞，拔出它的根。然而不是用手拔出来，而是抓或买一只家禽，用它的爪子拉出植物。当它挣扎着要飞走时，就把天仙子拔了出来。”

天仙子的镇痛功能，与它的致幻和催情功能一样得到承认，巫师用它制作各种春药。德鲁伊认为它具有求雨的能力。古埃及人从天仙子里提取一种点燃魔法灯的灯油。

过去，每逢酒神节的醉饮狂欢，有人就把天仙子的种子放在香炉里燃烧，让大众吸食，很多人都相信自己变成了动物。不过天仙子主要是在占卜和神启的仪式上大派用场。

《苏格拉底的魔鬼》一书所描写的特洛佛尼乌的秘密仪式：“钻进岩穴寻求神谕的人，当神灵显现时他会感到头痛欲裂；向女占卜师问卦的人都会陷入消沉，终生无法振作，他的健康将恶化，这一切无疑是他们所服食的药水所导致的。”

顺势疗法或农村的传统医学：使用天仙子必须小心谨慎，医生务必具有娴熟的技能。

皮媞亚和天仙子

为了进入鬼魂附身的状态，皮媞亚服用了很多致幻植物。她们坐在木凳上宣示神谕，这时从凳子上冒出一种蒸汽，让人马上感到头晕目眩。历史学家认为，这是通过燃烧天仙子而产生的可怕挥发物，而且并非没有危险。

塞内卡所描写的神使的神庙：“神使通常有自己的神庙，位于阴暗的地点和山洞；通过催情药影响在场的门徒或教众的头脑。有时候周围环境会增强春药和药水的能力：某些气味弥漫开来，让人感到眩晕，陷入癫狂。”

公元8世纪的人已经熟知天仙子这种植物，当时拔牙所使用的镇痛药就是天仙子，它与大部分茄科植物的用途相同。著名医学家阿维森纳在他的著作中写道："服食（天仙子）者失去感知，感觉浑身遭到鞭笞，语言结结巴巴，发出驴叫或马嘶的声音。"

皮媞亚的秘密大白于世：天仙子的种子是造成不适的原因。

天仙子有时候被叫作"催眠草"，日耳曼人改变了它的用途，用它来为啤酒增加香气，让饮酒者陶醉欣喜，不过这一做法过于危险，于1516年遭到禁止。

奇怪的是，当时的医生既把天仙子当作毒药，也把它当作解毒药，帕拉塞尔苏斯继承了这一观点，并启发了后来的顺势疗法："药物过量即毒药。"

止住牙齿的小痛可用丁香，止住拔牙造成的剧痛需要天仙子的种子。

希望进入巫师群体的新手，必须饮下以天仙子为主要成分的药水。经历这一入门仪式，就很容易说服他们参与巫师成长过程中的所有仪式。很多人尝试服食天仙子药水时弄错剂量，以至于没人敢再碰它。药理学专家们几乎可以肯定，女巫之所以产生飞翔的感觉，是东莨菪碱在发挥作用，这是天仙子中的重要成分。服食者也可能会产生变成动物的感觉（通常变成狼）。究竟是产生腾空飞行之感，还是原地狂舞之感，取决于药水的类型以及服用东莨菪碱的剂量。在显见的药效和幻象中，还有人提到此起彼伏的光亮点，仿佛在降黄金雨，这种现象后来被命名为"达那厄目眩"。

植物疗法专家保罗•富尼耶曾经提到，在中欧地区的公共浴室里，偶尔有恶作剧者把天仙子的种子丢到火炭里，结果造成沐浴者一片疯狂混乱的景象，有时候他们拿着扫帚足足打一晚的架。不过富尼耶作为修道院院长，似乎有所避讳，因为现代历史学家声称，过去有的浴室入内者必须赤身裸体，在点燃了足够的天仙子后，肉欲狂欢更是司空见惯。15世纪的某些油画证实了这一猜测。

有害的种子

“我咬紧牙关，感到抓狂和眩晕，不过我知道自己被一种特别的幸福感所包裹，双脚似乎越来越轻，几乎要脱离我的躯壳。身体的每一部分似乎都要挣脱，我害怕自己的身体正在解体。同时，我醺醺然欲驾风飞去。虽然确信无疑地感到身体将很快分化解体，不过却因感到一种飞翔的本能快乐而得到安慰。我凌空而起，盘旋于幻想中的云朵之间，那阴暗的天际、大群的走兽，还有不寻常的落叶、翻腾起伏的雾气、融化金属的河流，都在盘旋打转。”

1966年，作家古斯塔夫·申克（Gustav Schenk）吸入天仙子种子的烟所产生的体验。

烟雾弥漫！

取旧酒桶，摆放平稳，塞入小麦或黑麦的麦草，这些麦草一定要曾经作为马匹的草垫，浸过马尿，略微晒干，然后加入阿波里奈草或其种子——也就是俗称的天仙子种子、氯化铵、硝石以及切碎的黑刺李树枝，把这些东西大量置入酒桶，存放8日甚至更久，直至树脂气味浓郁。然后取一磅油脂、一磅树脂、矮接骨草或矮接骨木——猪喜欢食用——或其种子，为其他材料之4倍，还有少剂量的砒霜及其他类似的臭味药物，以及填塞火球的火药。掺杂搅拌所有材料。在一只酒桶中塞入8磅以上的材料，然后点火，奋力投向敌人。嗅到浓厚烟雾者会发疯、肿胀，有人还会丧命。不过，你要小心避免处于下风头而自受其害。

制造有毒烟雾，迫使敌人钻出战壕。

引自J.B.波尔塔的《自然魔法书》

植物特征

- ◆草本丛生，有强烈气味；
- ◆茎几乎不可见，叶与甜菜叶相似；
- ◆紫花，花期从秋季直至春季，类似巨大的风铃草；
- ◆结类似小番茄的果实，可少量食用；
- ◆种子为淡褐色，形似菜豆；
- ◆含三个品种，其中两种原产于亚洲。

曼德拉草

欧茄参（*Mandragora officinarum* L.）-茄科

绞死者之果

致命的人形植物

从古至今，历史上出现过大量的有关曼德拉草的文献，它们的记述大相径庭、匪夷所思。在古希腊和古罗马时期，曼德拉草是献给维纳斯的，拥有很多特性，其中两项曾引起人们注意。曼德拉草具有催眠作用，有些江湖医生认为它能治疗妇女不育。古希腊人和古罗马人用曼德拉草汁作为麻醉剂，使“需要接受切割手术的人失去知觉”，并且它的催眠作用随接受者的体质不同而存在差异，有的人只要吸入这种植物的气味就会倒头大睡。希波克拉底肯定了这一用法，还补充说，小剂量使用它可以抵抗焦虑，消除自杀念头。增加剂量，它会引发类似幻觉的感官印象，大剂量服用会导致深度睡眠，这是截肢和烧灼手术所需要的；这使得患者在睡眠过程中，暂时失去知觉。迪奥斯科里德斯观察到，牧羊人食用曼德拉草的果子后，会睡着一会儿。医生们警告，这种形式的麻醉也存在不利影响：患者可能失去说话的能力，陷入疯癫甚至处于更糟糕的状态，再也醒不过来。然而在很长时期内，曼德拉草都没有替代品。

曼德拉草具有强烈催眠作用，在过去漫长的历史里，频频出现于魔法书和医药书中。

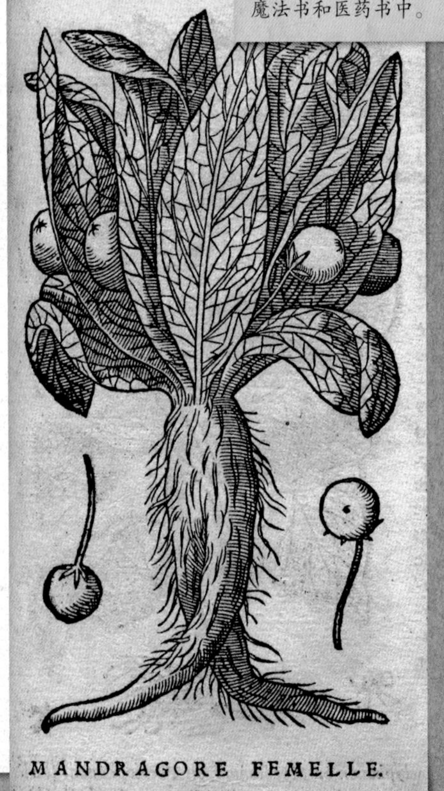

采摘过程说明一切

需要大量采集曼德拉草，这存在一定的困难。首先，它的根部可能扎得很深（深达60厘米），而且无论面临什么情况，都不能切断植物。曼德拉草固然珍贵，不过更要紧的是，不吉利的做法可能给采摘者带来伤害。作为一种巫术植物，像所有这类植物一样，采摘者必须一丝不苟地遵循采摘仪式，否则会招致沉重的惩罚。

某些专门研究古代植物的专家认为，有一种广泛运用的方法在很多植物学论著中都被事无巨细地记载下来——把一只狗的尾巴拴在曼德拉草上，当它拽出植物时，因为植物会发出致命叫声而立即死去——其实这种方法可能并非专门用于曼德拉草，而是用于多种采摘植物。历史学家弗拉维奥·约瑟夫斯和埃利亚努斯大量地记述了这种采摘方法，他们认为这方法适用于“夜间发出亮光的植物，在白天无法看到，有人试图抓住它们时，它们便会逃跑”。专家认为这是芍药或某种紫菀的变种。这一方法还适用于不能用手采摘的植物。在这样的情况下，人们喜欢牺牲动物的性命，避免遭到植物的报复。

用一只狗采摘：这是采摘曼德拉草的最适当方法，除了可怜的动物。

据说，亲手采摘曼德拉草的人，面部会发炎。弗拉维奥·约瑟夫斯进一步写道：“附着其上的魔鬼是恶人的灵魂，他们会杀死用其他方法攫取植物的人。不过，靠近植株可以赶跑这些魔鬼。”还有撰述者认为，在采摘过程中要说脏话。

普鲁塔克认为，在葡萄旁生长的曼德拉草会把自己的功能传给葡萄酒，让饮用者陷入浅睡。柏拉图在《理想国》中写过，水手如何用曼德拉草让船长陷入睡眠，然后掌握了船只。

古埃及人把曼德拉草的果实叫作“精灵卵”。而且，古代人把雄性和雌性曼德拉草分得很清。

用擒鸟采摘

“曼德拉草在夜间发光；白天，只有啄木鸟能发现它。啄木鸟以某种方式飞舞，然后抓住它；曼德拉草让啄木鸟的喙变硬，让它有力量戳穿最坚硬的树木……有时候可以在啄木鸟的窝里发现这种植物。监视啄木鸟，可以得到曼德拉草。如果发现啄木鸟在某一时刻摩擦它的喙，站立着不动，像斑鸠一样咕咕叫，珍贵的宝物就在那里。小心不要俯身采摘。如果啄木鸟发出嘲讽的尖叫，那就表明它发现了寻找魔草的人。它之所以冷笑，是因为这些不守规矩的人离死期不远了。”［引自坎宁安：《魔法植物百科全书》（2000）］

古希腊和古罗马时期对于曼德拉草的传说和撰述，在中世纪的众多魔法书和各种植物图集中得到继承和发扬，书中涉及大量新的神奇异事。这些奇异传说与曼德拉草的根有关，因为它类似某种生物，且主要发现于绞刑架下。人们认为，它能够为拥有者提供保护和强大法力。其原因阐释如下：据说绞死能引发最后一次勃起和射精，直接导致

用母鸡交换

“要携带一只献祭给撒旦的黑色母鸡。在午夜时分朝东方走，靠近一个偏僻的十字路口。当魔鬼现身时，马上对它说话，同时手里举一根柏木枝条……这些条件都具备后，你可以用黑母鸡交换一只下金蛋的鸡或一株曼德拉草。”

引自费朗（Ferrant）：《杀人草、毒草……和不吉草之书》（1973）

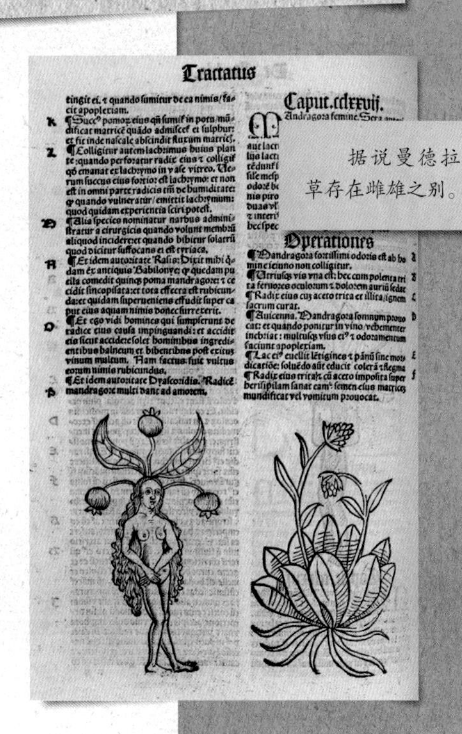

据说曼德拉草存在雌雄之别。

不出所料，曼德拉草是女巫夜半聚会所用油膏的配制植物之一。据说，它是一种强烈的麻醉剂，被麻醉者看起来无异于死人。不禁让人想到罗密欧与朱丽叶，还有劳伦斯修士的药水，况且莎士比亚也写到过曼德拉草。

在原地长出一株曼德拉草。它的法力与死亡和性有关，因此推测出拥有曼德拉草根的人将获得最佳的法力。因此曾经有一段时期，很多人忧郁阴沉地走遍整个欧洲，寻找绞刑架和珍贵的曼德拉草根，也就是所谓“绞死者之果”。

圣女贞德与符合基督信仰的曼德拉草

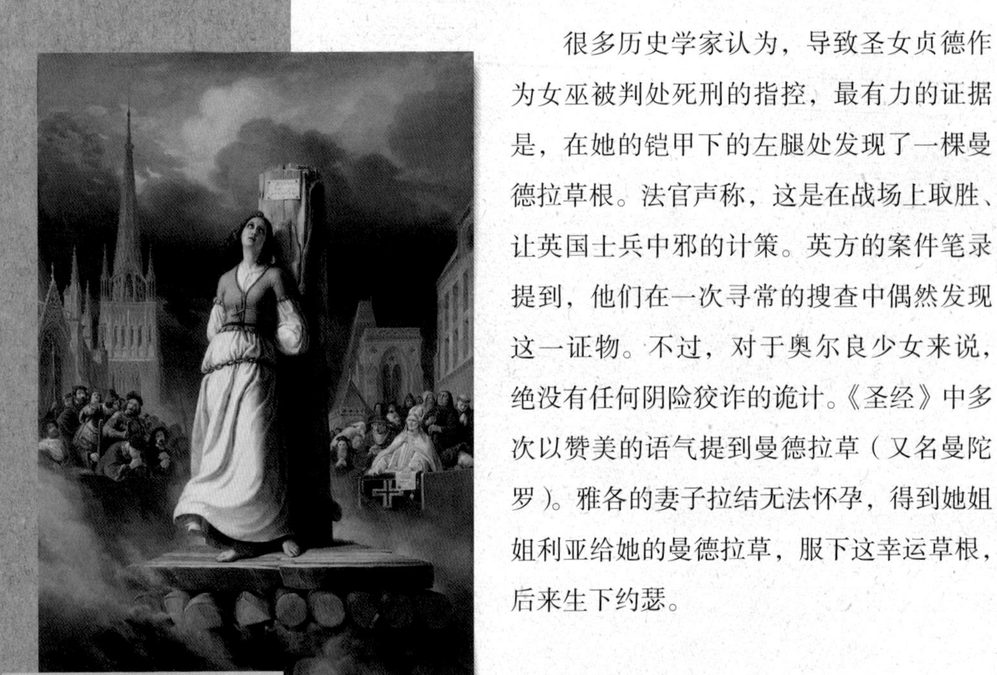

圣女贞德被控行使巫术：曼德拉草成为证据！

很多历史学家认为，导致圣女贞德作为女巫被判处死刑的指控，最有力的证据是，在她的铠甲下的左腿处发现了一棵曼德拉草根。法官声称，这是在战场上取胜、让英国士兵中邪的计策。英方的案件笔录提到，他们在一次寻常的搜查中偶然发现这一证物。不过，对于奥尔良少女来说，绝没有任何阴险狡诈的诡计。《圣经》中多次以赞美的语气提到曼德拉草（又名曼陀罗）。雅各的妻子拉结无法怀孕，得到她姐姐利亚给她的曼德拉草，服下这幸运草根，后来生下约瑟。

典籍赞誉

《圣经·雅歌》对曼德拉草的奇迹般效果不吝赞美：它的气味就足以唤醒欲望。这一点确实让人感到惊讶，在所有用于巫术的植物中，只有曼德拉草在宗教典籍中获得赞誉。然而，曼德拉草在最凶恶的魔法春药中充当重要的配料。在英国，它的果实叫作魔鬼的苹果；在德国，alruna 这个词有曼德拉草和女巫两层意思。

据说，古代日耳曼人对曼德拉草像女神一样崇拜，16世纪的《草木大典》(*Grete Herball*）中提到曼德拉草的智慧和敏感。过去甚至人们认为它的根部有一颗心脏。诗人吕特伯夫（Rutebeuf）称之为“草夫人”。它的法力无比强大，人人都想拥有。

中世纪历史学家记载，当时有一种奇怪的市场，售卖各种植物的根，还有稻草填塞的猴子标本和干尸碎片。有人把罐子当作模子，在里面种植曼德拉草根。最精明的摊贩在草根上进行雕刻，在特定地方嵌入大麦粒和黍粒，发芽之后就形成毛发。据说有的巫师成功地让它们有了生命，成了小矮人，就是炼金术士们费尽力气也无法用精液和血液创造出来的生灵。

商贩们寻找最接近人形的草根，脑袋刚刚露出泥土，头发茂密，有时候两条不定根恰好组成双臂。不过人们竞相争夺最罕见的，也就是性征明显的草根。各种喜好的人都能找到其所合适的曼德拉草根：雄性的或雌性的。

曼德拉精灵

曼德拉精灵是一种使亲人安宁的小鬼。它有点像小精灵，皮肤黝黑，长着蓬松的长发，没有胡子。据说他完全无害，既不会惹人烦恼，也不会制造危险。

英国人所说的魔鬼苹果。

穿衣小人

“用曼德拉草根雕刻人像，让它们穿上十分洁净的衣服，并躺在小匣子里。每个星期用葡萄酒和水清洗一遍，每顿饭的时候都喂它们吃喝。如果缺少什么，它们会发出细小的叫嚷声。把它们放在另外的单间，只有有事询问时才把它们拿出来。想预知未来，就摇晃它们，它们会报以点头或摇头，人们相信这就是它们的回答。”

引自《照顾曼德拉草的方法》，吉尔贝:《魔法和巫术植物》

植物特征
◆低矮草本植物，茎多分枝；
◆叶形状多样，椭圆形、披针形或带有浅齿；
◆总状花序，花为星形，白色，黄心；
◆浆果，初生为绿色，成熟后变黑色；
◆整株有毒。

龙葵

Solanum nigrum L.–茄科

“毒死狗”或“狼皮”

美妙而苦涩、甜蜜而致命

在龙葵种类里存在明显的基因差异，表现为叶子的形状和浆果的颜色有很大的差异，有的浆果近于淡黄色或紫黑色。它们与某些引进品种有关，而且还有一种与其药效接近的开紫花的攀缘植物：茄属植物“欧白英”，因此能够理解在植物文献史中，对于茄属植物有相当多的误解和混淆。

龙葵的学名 *Solanum nigrum*，词源不明。富尼耶在他所著的药用和有毒生物百科全书中写道，*solanum* 是由拉丁语 *solamen* 派生出来的，意为安慰、慰藉（因为多种茄科植物具有镇静功效），而且 *sol* 这个词根来自“太阳”，不过 *solanus* 也是东风的意思。这些猜测都有待澄清。*nigrum* 显然是指果实的黑颜色。

龙葵俗称“巫师之草”，有时与俗称“怒茄”的颠茄相混淆。

盖伦的药学著作称，过去把龙葵用作麻醉剂和镇静剂，19 世纪的著述记载它可用来治疗耳炎。龙葵作为“麻醉剂”吗？过去它还有“巫师之草”的俗名。同科的一种栽培植物也具有镇静作用。有些观测者认为，*Solanum tuberosum* 也就是我们熟知的马铃薯，叶子和茎部似乎也具有轻微的镇静作用，具有这一特性的原因在于其中含有茄碱，它是

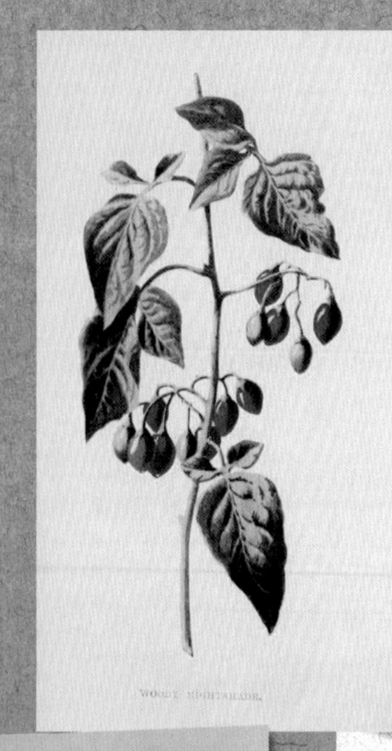

欧白英是另一种茄属植物，不要混淆。

多种生物碱的集合，而茄碱会在烹煮时消失。因此，当这种秘鲁块根登陆老欧洲时，它遭到怀疑，这就不难理解为什么帕门蒂埃（Parmentier）用尽计谋才让法国人爱上这马铃薯。

除了镇痛作用，龙葵还是治疗咽喉炎和心痛的有效药，还能外敷治疗溃疡。虽然龙葵叶味道苦涩，令人欲呕，但是，自古以来人们就把它作为蔬菜栽培，在巴尔干地区的传统菜肴中，就有龙葵叶子。

“毒死狗”的毒性

存在龙葵中毒的例子，不过致死的情况很少，龙葵的浆果充满诱惑，要时刻警惕儿童误食。它的毒性大小似乎依赖多种因素，生长地点和食用者的脆弱性都包括在内。在机器分拣的四季豆罐头里发现过龙葵浆果，但对消费者没有任何影响。专家认为，茄碱的有毒剂量，对儿童来说是 4 至 5 毫克，对成人来说是 25 毫克，相当于数十枚浆果的量。龙葵果实对于狗和某些啮齿动物来说是危险的，因此它得了个“毒死狗”的诨名。

与卡赞同时代的杜纳尔（Dunal）注意到，龙葵的汁液涂抹在眼睛里，会引起轻微的瞳孔扩张（也是茄科植物的特性之一），而且在几个小时内，眼睛会感觉不到强光。

在让人变身狼人的油膏中，龙葵是配料之一。据说要脱光衣服，用一

变成隐身的狼人

古希腊人所说的马钱子与龙葵可能是同一种植物，不过人们对此意见不一。“圣母的植物是马钱子。要在圣母统治的日期和时刻采摘它。采摘它的花朵和果实，掺到熊油里；涂抹到体液外溢者的身上，他们将立即痊愈。折马钱子的小枝制作成花环。把它戴到少女的头上，如果她笑起来，就说明她行为不检，已经失去童贞；如果她忧郁哭泣，那她是纯洁无瑕的。如果用狼皮把龙葵裹起来携带在身上，你将隐身不见，无往不胜。”

引自《希腊星相学典籍存目 · 西班牙卷（祖雷蒂编）》

种混合药水擦拭身体，然后披上狼皮。这种药水是由如下多种配料制作成的：杨树的树叶、树枝和树芽里的汁液、罂粟、天仙子叶、龙葵，在这些配料中加入猪油和烧酒加以搅拌混合。

这里有一只狼，再找到龙葵根就能隐身了。

与龙葵同属一个声名狼藉的家族，马铃薯仍然让我们多疑的祖先着迷，真是不简单。

锅成了不公正的帮凶

在一次巫术审讯之后，两个老人在严刑拷打下承认犯下了可怕的罪行。在他们离群索居的冷清住所里，别人发现了一口锅，里面有毒参、龙葵和曼德拉草配制成的绿色油膏。拉居纳医生把这些服食者与他们的供词加以对照，想核实这种油膏的效果。他用油膏把一名女患者从头涂到脚。拉居纳说，她几乎立即陷入沉睡，35个小时后，这个女人醒来而且说出下面的话："您让我醒得不是时候，因为我正在被全世界所有的快乐和魅力所包围着。"

有历史学家怀疑这份证词，因为拉居纳害怕教会对此事的干预，他可能渲染了这个故事。不过无论如何，事实并未被质疑。

以上是根据拉居纳证词整理的一件巫术案的记录，拉居纳是儒略三世教皇的御医，其证词写于1555年。

植物特征
◆林下落叶灌木，树高极少超过10米；
◆叶子呈卵形或带锯齿；
◆黄花，柔荑花序，有雌雄之分，悬垂；
◆果实可食用，呈褐色并有硬壳。

榛树

欧榛（*Corylus avellana* L.）–榛科

魔法或不吉之棒

走路携带木杖

在巫术和传统民俗当中，榛树不是一种普通植物，它是植物界的雅努斯，某种意义上的双面植物。在希腊神话中，榛树是和平及爱情的促成者。赫耳墨斯得到一根榛木占卜杖，他把它用来宣示神谕。据说他用这根木杖来触及人类的灵魂，教给他们爱情，平息他们的激情，提升他们的道德。榛木杖还具有催眠或唤醒的能力。传说罗马神话中与赫耳墨斯对等的墨丘利看到两条蛇竞相争斗，他立即把木杖扔过去，两条蛇便缠到了木杖上。

(fot. ing. Antonio Capponi)
UN NOTISSIMO RABDOMANTE LIGURE, LUIGI BOTTINI, DI CERIANA D'IMPERIA, DURANTE LE SUE FUNZIONI DI RICERCATORE D'ACQUE.

墨丘利的标志神杖，后来成为医学的象征，最早可能是一根榛木杖。

从中世纪直到 19 世纪末，人们在仪式行列中用榛木杖触碰保护神的圣像。在诺尔省，教堂门口有售卖祝圣的榛树，而且人们佩戴榛子当护身符：这是对人有益的果实。在乡下人们用榛树做篱笆，既可护宅，又能提供食物。榛子很美味，可以用它制作好吃的糖果。不过在这些溢美之词的背后，这些开胃糖果和神圣标志的木杖隐藏着不吉利的另一面：巫师在他适宜的夜晚，有时在冬天的满月之夜，使用这榛木杖举行他们的祭祀仪式。

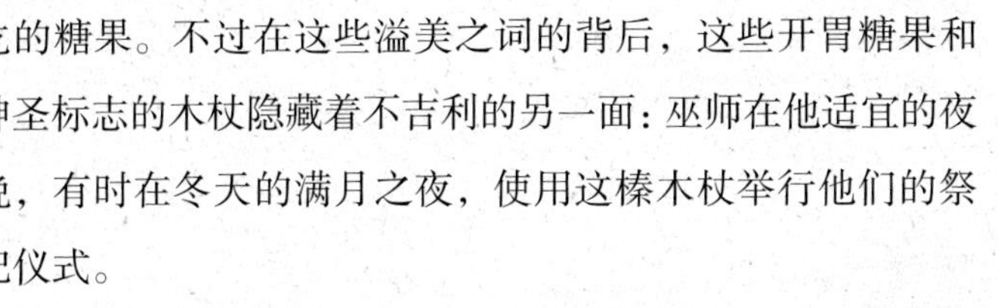

杖卜术

神秘术的拥趸们认为，这种“秘术”可以上溯到摩西

时代。17世纪英国哲学家和科学家弗兰西斯·培根建议，从根部砍下一株生长了一年的幼树，把它顺着树干劈为两半。“让两个人在两端举着劈开的两片木头，使得这两片木头之间有一掌或四指的距离。过一会儿，两片木头慢慢地互相靠近，最终连接在一起，重新形成完好无损的枝干。”感应术士认为，这叫作感应巫术，相似者会互相吸引。

今日，仍然有人运用这一技术，为了支持自己的观点，他们指出榛树具有亲湿性，也就是会被水分所吸引。这种解释显然让人无言以对。对我们来说，要避免有关伪科学的无果争论以及验证这种

不管人们是否相信，巫师的榛木杖都保持着神秘。

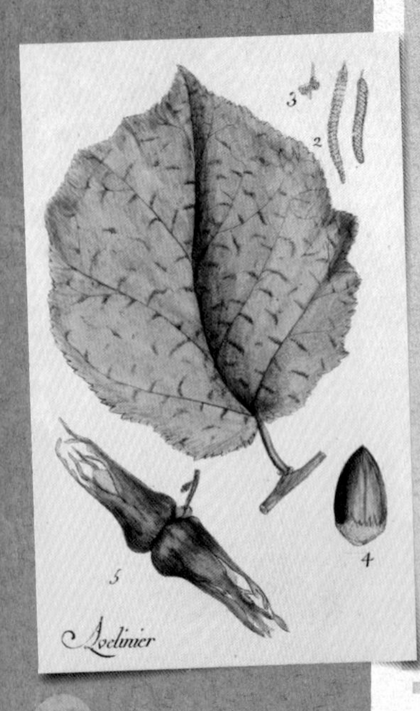

与地狱的契约

“祈祷之前两天，用新砍刀砍一根野生榛树枝。这根树枝上应该从未结过果实，而且要在太阳升出地平线时把它砍下来。然后取一块药品杂货铺老板所说的赤铁矿（某种橘黄色的白垩）和两根经过祝圣的蜡烛，选择一个无人打搅的孤独祈祷场所，最好是已经毁坏被废弃的旧城堡，鬼怪精灵喜爱这样的建筑物。”用特别的咒语向路西法祈求财富、各种恩赐和保护，然后主祭者用榛木杖画一个圆圈，保护他免受地狱力量的伤害，让他施展各种计谋，巧妙地进行谈判，挫败路西法设下的所有陷阱。他要带着所有许诺的财宝，手持木杖倒退而行，退回原来的圆圈。

引自埃利法斯·莱维（Eliphas Lévi）:《神圣王国》（19世纪）

说法，最好的办法似乎是追随感应术士进行调查，每个人将得出自己的结论。

迷信的农民还认为，必须在圣约翰节用全新的砍刀来砍伐榛树。过去人们认为榛树具有找到隐藏宝藏、捕获负波（ondes négatives）和催眠的能力。乡下的巫医使用某些方法，诸如燃烧木头来卜算病人能否痊愈。巫师在前一晚砍根木杖，烧成木炭，把灰撒在大水盆里。如果木炭浮在水面上，就是好兆头，病人将很快痊愈；否则康复将耗时长久。

让奶牛恢复平静

在夏朗德省，过去流传着一个奇怪巫师的故事，他名叫夏佐贝尼。他向一个管不住牲口的农民推销自己的巫术。这个农民的牲口完全发了疯，不肯到牧场上去。有人看到他在草地上像虫子一样打滚，口中喃喃说着无法理解的话，而不管他到哪里去，众多奶牛都十分温顺地跟着他，晚上再回到畜栏。

在圣诞夜的夜半时刻砍下的榛木杖，可以帮助巫师完成很多法术，不过正直之士得到的魔法杖将堪比仙女的法器。在阿普列乌斯的《金驴记》中，巫师、术士与魔鬼势力达成契约之后，他们的（榛木）魔法杖将使他们能够逆转波涛、止住狂风，让月亮失去阴影，让太阳停止行程，让行星脱离轨道，让黑夜无比漫长。传说圣帕特里克使用榛木杖驱赶侵入爱尔兰的蛇，把它们扔到海里，从此岛上就不见它们的踪影了。

LES COURTISAILLES
1 Le magnat devisant avec sa zelle qui lui offre la caillère
(provision de noisettes)
L. Ravier, édit., Bourg – Cl. F. Ballet

这位少爷与女子聊天，她把自己积攒的榛子给了他。榛子据说能带来幸福。

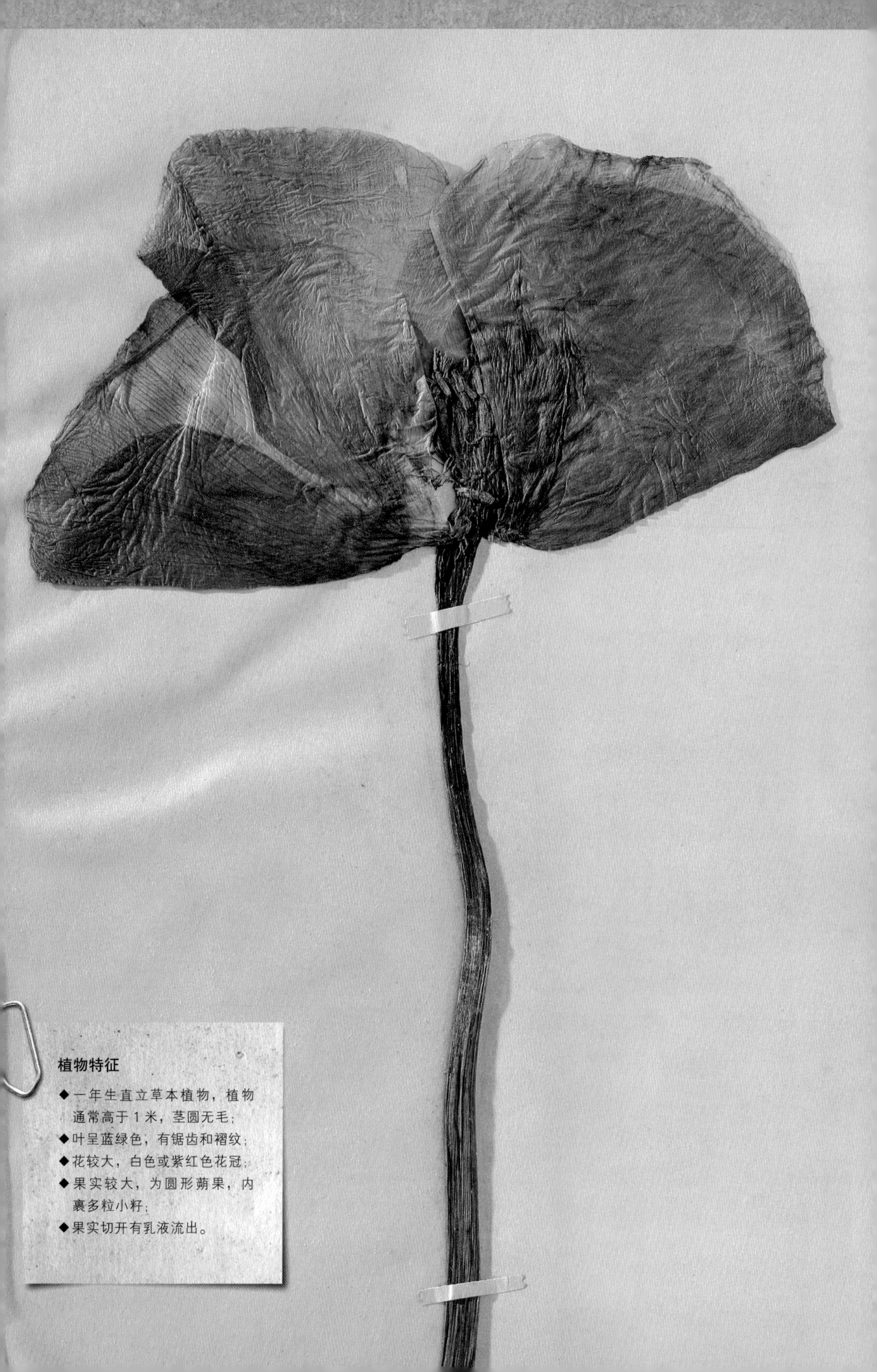
植物特征
◆一年生直立草本植物，植物通常高于1米，茎圆无毛；
◆叶呈蓝绿色，有锯齿和褶纹；
◆花较大，白色或紫红色花冠；
◆果实较大，为圆形蒴果，内裹多粒小籽；
◆果实切开有乳液流出。

罂粟

Papaver somniferum L.–罂粟科

黑暗偶像

它开阔我们的视野

根据考古发掘，我们有证据断言，公元前 5000 年人类就已经知道罂粟这种植物，而且可以想象先民们已经体验过它的各种能力。公元前 4000 年苏美尔时代的楔形文字，已经描述了采集罂粟的活动。一个表意符号代表罂粟，另一个代表幸福，意思是说，罂粟是快乐和幸福的植物。在古埃及，奥西里斯的祭司建议法老持续服用鸦片（以罂粟为原料的提取物），从而让他们产生醺醉和幻觉。在埃贝斯莎草纸中记载了一份奇怪的药方，以蝇粪、罂粟果为基本配料，用于治疗小儿腹痛。那时的人还给小孩食用罂粟，让他们止住哭泣，这种略显过分的做法一直延续到中世纪。在荷马史诗《奥德赛》中曾提及一种忘忧药，它能“让灵魂出窍，找到另一个世界”。历史学家猜测它是一种以鸦片为主要成分的饮品，能让人忘记一切痛苦，驱散忧愁。

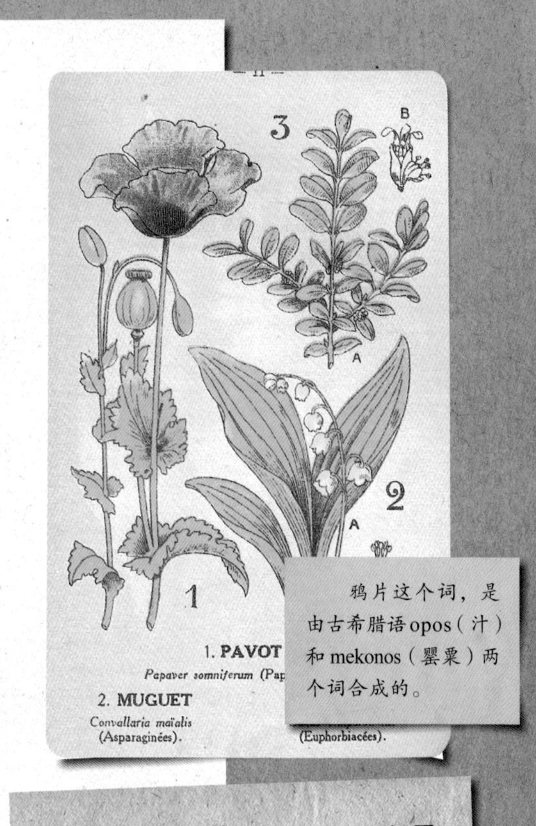

鸦片这个词，是由古希腊语 opos（汁）和 mekonos（罂粟）两个词合成的。

老普林尼曾经推崇罂粟的安眠效果，

迪奥斯科里德斯笔下的采集罂粟场景

“采集的职责属于制作鸦片祭品的人，他们在星标（罂粟蒴果的顶部）周围下刀，在果实的棱纹上划出笔直的切口，用小匙和手指配合，把从果实中冒出的浆液揩拭下来，稍后再揩拭，因为切开的果实会重新冒出浓厚的浆液，次日仍再次用揩拭的方式来取其浆汁。”

寻求爱情

向厄洛斯奉献、祈祷求爱成功的祭品："吗哪（mànnê，《圣经》中记载的神赐食物。在古希腊也指某种从植物中提取的胶质或木蜜。——译注）、安息香、罂粟汁、没药各 4 德拉克马；乳香、番红花、伪没药各半德拉克马；将它们与脂肪混合；最后把所有这些原料加入到等量的芬芳醇酒中，就可以使用了。"

引自《巴黎巫术大莎草纸文献》

希波克拉底和盖伦夸赞它是万灵药，塞尔苏斯称它是一种消除疼痛的神药。无论是用作汤剂还是丸剂，古人都认为它能包治百病。还有人以鸦片为食，据说是为了刺激感知。

在希腊神话中，睡眠之神许普诺斯和死神塔纳托斯以及司夜女神倪克斯都以罂粟作为装饰。而梦神摩耳甫斯每天晚上在凡人身上摇晃罂粟，让他们遗忘世事，好好休息。在厄琉息斯秘仪中，德墨忒耳用罂粟拂去痛苦。

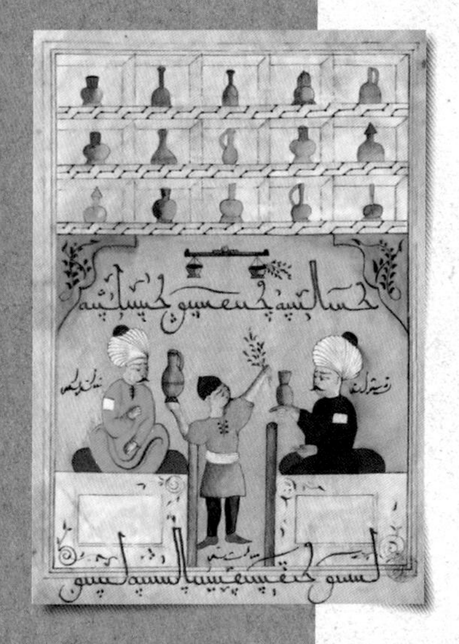

使用鸦片的历史很悠久，在古代时期，就用它作为麻醉药。

最初十字军东征时从东方带回的罂粟遭到教会禁止。当时的医生和修士认为它是最有效的麻醉药物，一开始暗地里用它进行手术，后来就人所周知了，它的优点不断地得到赞美。教会被迫让步，不过仍然禁止没有从医资格的人使用鸦片，因为它能让人看到魔鬼的创造。被局限于医学用途的罂粟，很快就摆脱禁锢，成为大量巫术植物和各种催情药

制作催泻助眠的李子

"在李树的树枝上或整株树上钻孔，在孔隙中填塞鸦片，然后用纸或树皮包上，当李子成熟后，它们将具有催眠和催泻的功能。如果想快点得到果实，可以用无花果——古希腊人称之为 ischiadae——和葡萄干，把它们放在溶解鸦片的酒或水中浸泡一整天，直到它们涨大，如果你觉得果子还太酸，可以在晒干后加入甜味。"

引自波尔塔：《自然魔法书或自然的秘密和奇迹》（1631）

中的一员。

当年欧洲从阿拉伯和东方地区进口罂粟，但随着罂粟种植量的增多，热那亚和威尼斯共和国做出决定，进行大规模的鸦片贸易。葡萄牙人也借着他们新建的商行投入这场冒险，接踵而至的是荷兰人。欧洲的医学院继续对鸦片进行研究。帕拉塞尔苏斯对盖伦的万灵药称赞有加，稍晚时期的西德纳姆推荐使用阿片酊，这种酊剂用鸦片混合番红花，用桂皮精油和丁香提香，而且含有60种左右的植物，其中有嚏根草、天仙子、颠茄……

热那亚和威尼斯商人让鸦片贸易繁荣起来。

一位熟识学问的人

（关于鸦片）“它能让服用者梦游，据说，服用后人还感觉不到累。曾经有位很有学养、心思缜密的作家每天要花10.5克鲁扎多的钱购买鸦片服食（约能买1.5克鸦片）。他无时无刻不在睡眠，眼睑半闭；然而别人跟他讲话时，他的回答旁征博引、深刻精准。从这个例子上你会发现，习惯是多么有力。”

引自加西亚·德·奥尔塔：《印度药草及毒品大全》（1563）

直到18世纪的时候，人们一直把鸦片进行煎制来食用或饮用，不过那时还没有开始点烟吸食。黎塞留和路易十四经常服用鸦片丸药和阿片酊。鸦片的名声之大，以至于在英国，工人习惯于在啤酒中加入鸦片，保姆在婴儿的奶瓶里加入阿片酊，或者在奶糊和牛奶中把它煮熟，但这样做时常引发意外。市场和商店里可以买到阿片酊，甚至可以自带瓶子进行灌装。这种药物低廉而普及，用来治疗神经痛、痛风、咳嗽和感冒。

加入了果香菊的罂粟汤剂是极好的镇定剂，对儿童和成人都很有效。

在19世纪，鸦片失去了万灵药的地位，成为一种毒品。后来在中国造成极大危害的鸦片，在传入中国的早期受到富裕阶层和读书人的追捧。烟草在中国是遭到禁止的，因此中国人自然而然转向更易获取的鸦片。在鸦片贩进中国之初，人们把鸦片当作昂贵的点心或药品，并没有人吸食。据估计，在18世纪初有四分之一的中国人吸鸦片。到19世纪，英国走私船贩入大量鸦片，弥补日益供不应求的当地产量。在英属及荷属殖民地，罂粟得到大量种植，这种作物被证明十分有利可图。然而同时，1860年估

“阿莫克”（AMOK）的传说与事实

“据旅行者目击，印度人酷嗜鸦片，鸦片让他们醺醺然，看到愉快的幻象，激发他们的想象力，甚至充满狂喜和暴怒。有亡命之徒吸食大量鸦片，他们在麻醉的状态中冲向第一个目标，扑向从未见过的人，好像对待不共戴天的仇人一样。如果一个被鸦片麻醉的印度人在街上边跑边喊：阿莫克、阿莫克，他就是被法律褫夺了权利，任何人都能杀死他。”

计有1亿中国人受到鸦片毒害，全国冒出成千上万的烟馆。

19世纪初，化学家继续对鸦片进行研究，他们发现了它使人成瘾的原因，1816年从鸦片中接连离析出吗啡（这个名字是从摩耳甫斯来的）和海洛因成分，这在当时被认为是一种“英雄式的”产物。然而这两种物质很快就被滥用，吗啡成了知识界精英的毒品。珠宝商制作出一种漂亮的镶金注射器，放在珠宝盒里，推销给吗啡成瘾的顾客。

罂粟：在摩耳甫斯的臂弯里放松自己的最好方式。

鸦片女神

“从前有个国王，他有个非常美丽的女儿，但是浑身散发恶臭。因为没有人愿意娶她，所以她决定行使一种无法解除的魔法来报复他人。在她的葬礼上，她的乳房变成两株罂粟，流出鸦片乳液，阴部则变成烟草。从此，鸦片女神在幻象中拜访吸食鸦片的男人，为他们提供麻醉品，并利用这个机会附在他们身上。在治疗鸦片中毒的巫术仪式上，人们恳求鸦片女神离开患者的身体，前往一个专为她而建的微型宫殿。”

引自利普：《植物及其秘密》（2002）

鸦片女神十分美丽，只是体味有点大！

芸香

Ruta graveolens L.–芸香科

可怕的堕胎婆子

我们所知的芸香

古希腊人把芸香视为一种巫术植物，一种真正的万灵丹药，能治疗一切疾病。普鲁塔克认为芸香具有凝结和烘干精液的作用，因此对于想怀孕的妇女来说不是好事。

要想采摘芸香，需要特别小心，避免让芸香接触铁器。亚里士多德认为，黄鼬在与蛇争斗之前，会食用芸香以预防被蛇咬伤，在中世纪的魔法书里可以找到芸香的这种用途。老普林尼记载，如果人身上敷过芸香汁，或随身携带芸香，可以免遭蝎子、蜜蜂、虎头蜂、黄蜂、火蜥蜴（salamandre，指一种传说在火中生活的动物，或译为沙罗曼蛇或火蝾螈。——译注）和斑蝥的叮咬，还能避免被蜘蛛和疯狗咬伤。他还写道，燃烧芸香产生的气味会让蛇逃窜。米特拉达梯六世国王［古代小亚细亚本都王国国王（公元前121年—前63年在位），后被古罗马将军庞培讨平。——译注］战败后，庞培在他留下的文献中发现了他亲笔书写的一种解毒药配方：2枚

植物特征

- 稠密灌木，蓝绿色，植株高可达1米；
- 树叶常绿，分为小叶；
- 黄绿色小花，顶生，伪伞状花序；
- 褐色种子，包裹于微小蒴果中；
- 整株植物散发出令人头晕恶心的气味，近似酸涩的椰仁。

干核桃、2 枚无花果、20 枚芸香叶，一起研碎，同时加入盐粒。空腹服下，这种药物可以让人整整一天百毒不侵。

据说，有人哪怕食用极少剂量的芸香，也会出现罪恶的意念或夜间躁动、做痛苦的噩梦。芸香通过接触而产生毒性，甚至产生刺激性，有时在皮肤敏感的人身上引发日光皮炎。服食几克的剂量，其毒性就引发消化系统内部炎症，导致人发抖、头晕等特殊症状，然而它仍获得人们的信任，被运用于顺势疗法。

人们知道芸香可以用来堕胎，不过它对母亲来说十分危险，会造成子宫出血。

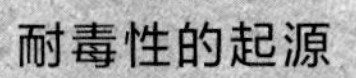

耐毒性的起源

史籍记载，年轻的米特拉达梯六世国王遭遇多起阴谋和下毒企图，最终养成了自己服食毒药的习惯并获得耐毒性。

“米特拉达梯把一直放在佩剑旁边的毒药取出来搅拌。这时他的两个女儿坚决地请求他先留给她们一点毒药，直到她们得到毒药并吞服下去，才让他服药。两个女儿服毒后立即毒发身亡，不过米特拉达梯安然无恙，即使他以快步走的方式加速毒效也无济于事，因为他不停地尝试服毒，体内习惯了药性，形成了一种抗毒的能力。所以，人们把这些毒药称为米特拉达梯之毒。”

引自阿庇安：《万应解毒剂》，菲利普·勒马克勒译为法文

米特拉达梯及其女儿之死。（按阿庇安在《罗马史》中的说法，米特拉达梯六世在自杀失效后，命令一名侍从用剑刺死了他。此描述印证了该图所表现的场景。——译注）

食用芸香吧，我的弟兄们！

自查理曼大帝统治以来，芸香具有抑制性欲作用的信息在农村地区广泛地流传着，很多修道院都纷纷种植芸香，甚至它被作为一种调味品强烈地推荐给修士，因为他们想要保持纯洁。万幸的是，这种危险的传统在 19 世纪中断了。

西洋接骨木

Sambucus nigra L.-忍冬科

生长在破败坟墓的阴影下

植物特征

- 落叶小灌木，枝杈较舒展；
- 树叶繁茂，有强烈的气味；
- 树叶有锯齿，分为多片小叶；
- 伞状花序，有浓烈气味；
- 结浆果，成熟后呈黑色。

可作为饮品和食物

接骨木是一种先锋植物（是指能够在严重缺乏土壤和水分的石漠化地区生长的植物，或在荒废的或刚开垦不久的土地里最先长出来的植物。——译注），喜欢生长于废墟瓦砾之上。很久以前，西洋接骨木就生长在民居周围，人们对它习以为常。后来人们在农家篱笆和破败的城堡四周，大量种植这种其貌不扬的小灌木。不过早在旧石器时代，接骨木就已经成为主要的采集作物。而在4500年前的青铜时代，人们在瑞士和意大利北部发现过接骨木种子，那时的人们就已经学会了用接骨木发酵制作饮料。古代人相信它具有通便、利尿、通经等作用，还用它有效地治疗毒蛇咬伤。古希腊和古罗马妇女用它的浆果制作一种给马匹饮用的酊剂。巫术界以及北欧人都认为，接骨木上附着精灵，它是献给亡灵的树木。在凯尔特人的葬礼上，人们在每个坟头上都会放置带果实的接骨木树枝。德鲁伊用接骨木制作笛子，凭借它与亡灵对话。接骨木的木质十分坚硬结实，过去在德国，人们用它制作棺材，在棺材里还放置接骨木十字架；此外，人们还在重大的庆典上把接骨木果汁往脸上涂抹。不过，它的地位很快就发生了变化，曾经让逝者灵魂安息的接骨木，变成了一种巫术植物。因此自12世纪起，人们用它的髓质配制某些膏剂，还砍下它的树枝制作魔法棒。在爱尔兰，过去选取最好的树枝制作女巫扫帚，在萨温节（古凯尔特人的节日，也叫作冬节，每年的11月1日庆祝。——译注）期间，巫师们展示用接骨木绿枝做成的各种装饰品，据说它能帮助人们与鬼神沟通。有的地方禁止在住宅周围种植接骨木，不许用它的木材制作摇篮，甚至不允许在壁炉里焚烧接骨木。据说，只有“斯特里克斯”才能使用接骨木，这些半女人半飞禽的生物在乡间游荡，不时地发出刺耳的尖叫声，偷走新生婴儿，吸他们的血。

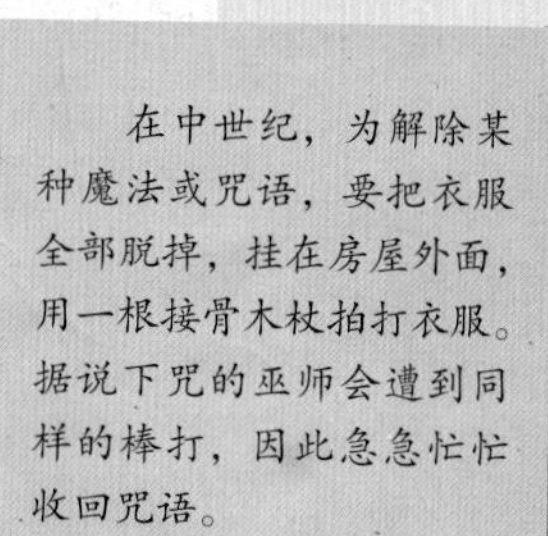

在中世纪，为解除某种魔法或咒语，要把衣服全部脱掉，挂在房屋外面，用一根接骨木杖拍打衣服。据说下咒的巫师会遭到同样的棒打，因此急急忙忙收回咒语。

一根厉害的魔法棒

“在万圣节的第二天，你采一根接骨木树枝，采用方便的方式制作一根笔直的木棒。把木棒里面的髓质清除，在底部安装一个漂亮的金属箍，然后在中空部位安放两颗小狼的眼珠子、三只绿蜥蜴的舌头、三颗燕子的心脏，所有这些东西都要事先晒干，撒上硝石。在上面覆盖七枚圣约翰节前夜采摘的马鞭草叶子。用一枚在戴胜鸟窝里找到的彩石子，与黄杨果实一起堵住木棒顶端。于是你就拥有了这件法宝，它可保护你免遭旅行所难免的灾祸和损害，无论是强盗、野兽、疯狗还是毒蛇。”

引自艾尔伯图斯·麦格努斯:《自然和神秘魔法的神奇秘密》

接骨木能制作各种与巫术没有丁点儿关系的小手工艺品，梳子、纽扣、匣子、玩具……

植物特征

- ◆粗壮的大型草本植物，高度超过 1 米；
- ◆叶为披针形，最长可达 30 厘米，有茸毛；
- ◆植物全株带有黏性，散发出略微呛人的气味；
- ◆管状花朵，根据品种不同，开黄色、白色或玫瑰色花朵；
- ◆卵形蒴果，内含种子。

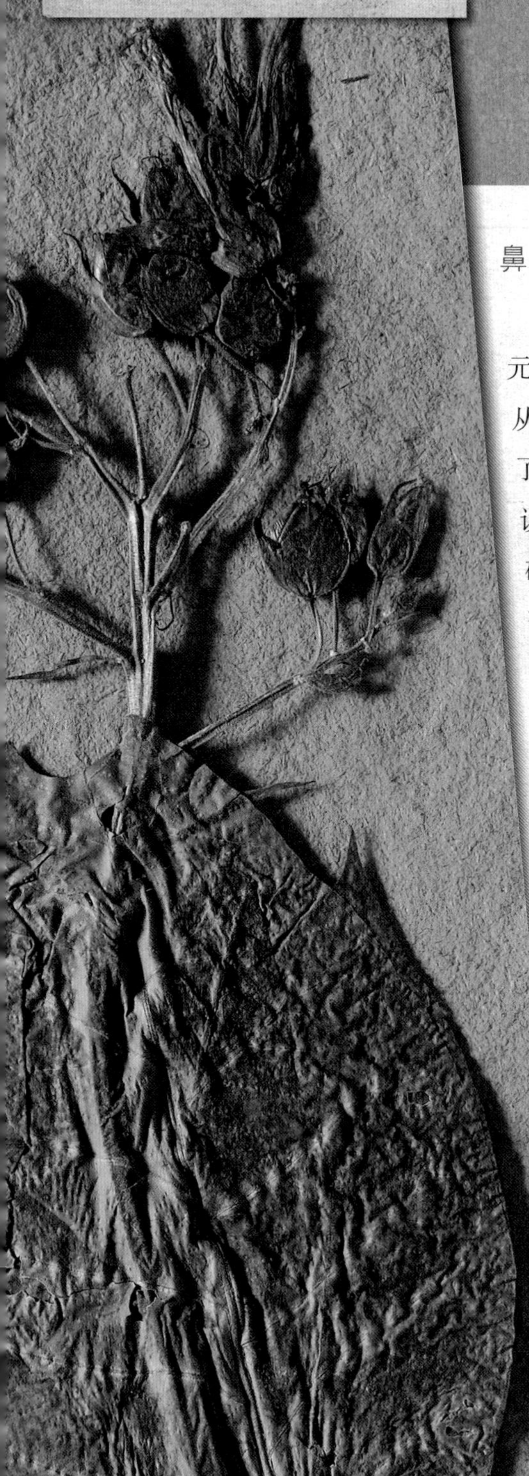

Nicotiana tabacum L.-茄科

吸烟的精灵

鼻孔冒烟

虽然阿比西尼亚的教士们声称烟草诞生于公元 3 世纪阿利乌的坟墓里，而穆斯林则认为它是从穆罕默德的一口唾沫中长出来的，他被毒蛇咬了一口，用嘴吮吸伤口然后吐出毒液。不过让传说的编造者扫兴的是，烟草是从新世界引进的，确切地说，它来自多巴哥岛。烟草最先传入葡萄牙，通过手手相传，占领了一个又一个花园，获得法国王室的青睐后，终于传遍全欧洲。

让・尼科（Jean Nicot）是葡萄牙大使并兼弗朗索瓦一世的档案保管官员，他从某个弗拉芒绅士那里收到从佛罗里达带来的烟草种子和植株。他在坐落于里斯本的自家花园里种下这些烟草，作为观赏植物。尼科发现这种植物具有镇静效果，于是派人送给凯瑟琳・德・美第奇一些烟叶，用于缓解她的偏头痛。这种植物似乎起了效果，于是人们决定在巴黎进行种植。吉斯公爵把它命名为“尼科草”，医生兼律师雅克・戈奥里（Jacques Gohory）便写出了第一部关于烟草的专著《烟草指南》(1572)，在书中他建议把烟草命名为“美第奇草”或“凯瑟

琳草”。于是，吸鼻烟很快就流行了起来。

不过，这一热潮持续不久，人们开始指责烟草的可怕危害，教会也出来干预，指责烟草是魔鬼专为软弱的基督徒而创造的植物——在巫师的油膏里发现烟草的痕迹。根据1642年乌尔班八世的裁决，烟民被视同罪人，可能遭到开除教籍的处分，1650年英诺森十世延长了这一裁决。孔波斯特拉有五名修士，因为在弥撒期间抽烟而被判终身监禁。甚至有历史学家认为，沃尔特·雷利（Walter Raleigh，英国文艺复兴时期的学者和冒险家。——译注）就是嗜好烟草而死的。他被判斩首，不过对他的指控至今仍是一个谜。

吸烟有害：17世纪，英国国王查理一世下令拔掉所有烟草植株，以死刑威胁臣民禁止吸烟。

无疑是邪恶的

“鼻孔喷云吐雾的一定是巫师，他把烟草收拢成堆，挂在衣领上，通常装到一个个小皮袋里，这些小皮袋是某种动物皮，有点像穿孔的小号角。他们用双手揉搓烟草，把它弄干，然后把一点烟草放到小皮袋里，点上火，用嘴从小号角的另一端吸烟。他们吸如此多烟，令其从眼睛和鼻孔里冒出来，整天散发着烟味。”

引自传教士安德烈·特韦（André Thevet）:《南极法兰西异闻录》（16世纪）

对烟草的抨击

处决雷利的詹姆士一世国王写过一本题为《对烟草的强烈抗议》的小册子。他写道，抽烟的行为是“一种看起来可憎、闻起来恶心、对大脑有害、对肺部有危险的习惯，它

在今天的委内瑞拉，粗大的雪茄仍然是与阴间进行沟通的工具。

释放出臭烘烘黑乎乎的烟雾，像无底深渊里冒出的可怕毒气”。

在俄国，对吸烟者的镇压更加猛烈。教士们声称从鼻孔里冒烟，很像是魔鬼的形象。彼得大帝的前任沙皇，费奥多尔三世下令，将吸鼻烟和抽烟的人宣布为异教徒，并且劈开他们的鼻子这一罪恶器官。他们随之遭到鞭刑和流放的处罚，若是旧习复发，就会脑袋搬家。在土耳其，他们被处以截肢之刑，在波斯，他们惨遭处决。后来，镇压渐渐平息，烟草很快在那些敌视它的国家站稳脚跟。

然而，烟草在美洲大陆的名声大为不同。过去，它的首要用途是作为巫术植物用于祭祀仪式，今天，在很多美洲民族中，它仍然保持其传统的用途。在北美印第安人中，烟草是一种葬仪植物，它被摆放在亡者的坟墓上，供人们在守墓时喷云吐雾。在萨满仪式中，烟草被用来招引鬼魂。

医者

“当医者接到邀请要去治疗病患时，他首先用鼻子吸入足量的‘尼奥普’（Niopo，委内瑞拉土著人烘烤某种豆科植物的种子所得的一种香气。——译注），让自己陷入恍惚状态。此时，他认为占卜能发现导致疾病的恶魔之欲，有必要集中力量来阻挠它。接着，他点燃了一支十分粗大的雪茄，吸入大量的烟，然后喷到病人身上。

而后，这个付酬请来的医者又把嘴靠在患处，努力地吮吸疾病，而且把不健康的物质吐出来——有时候他的嘴上会长出小刺等东西，他说这是从患者身体里取出来的。”

引自 19 世纪英国冒险家理查德·斯普鲁斯（Richard Spruce）的游记

在这些仪式上，有大量烟斗和烟草可用。守灵之夜因此被冠名为“烟草之夜”。

在传授秘仪的过程中，萨满的学习者经过多日禁食，需要服食一定数量的烟叶，他们在它的引领下走向“在彼世的初次旅行”，并在那里遇见魂灵。

在很久以前，烟草还享有不错的名声。“不管亚里士多德和整套哲学是怎么说的，反正没有比鼻烟更好的东西了：这是正人君子的嗜好，活在世上不闻鼻烟简直是不配活着。它不但可以舒畅心情，清醒头脑，并且还能教育人们倾向道德，有了鼻烟就能学着变成正经人。”（译文摘自1959年人民文学出版社《莫里哀喜剧选·中》第5页，《唐璜·第一场》，万新译。——译注）

引自莫里哀：《唐璜》中斯卡纳赖尔的话

烟草亦能致命

烟草中毒事件屡见不鲜，嘴唇接触一滴纯尼古丁就足以致命。

19世纪的医生富克鲁瓦（Fourcroy）曾经记载一起死亡事件，一个小女孩在撒了大量烟丝碎末的房间里睡觉，结果产生痛苦的抽搐，并因此而丧命。卡赞提到过一个让人印象深刻的例子，一名医生患上麻痹症，他有时停止抽烟，有时又再度抽烟，麻痹症状也随之消失或复发。在19世纪八九十年代，有几例死亡的案例，往往是自愿把烟草当作药物服用而导致的。

不但吸烟是危险的，服用烟草更是冒险。

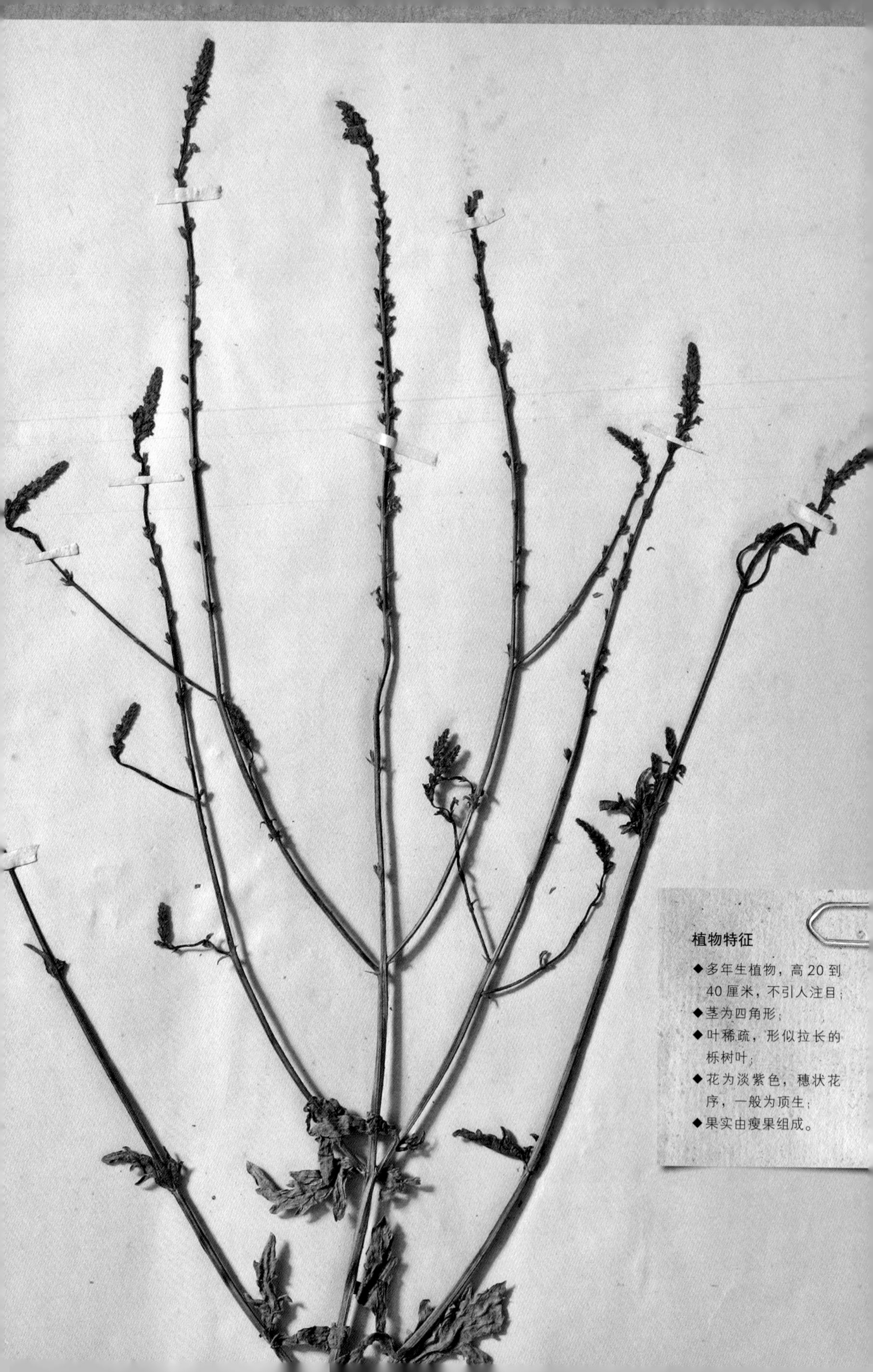
植物特征
◆多年生植物，高20到40厘米，不引人注目；
◆茎为四角形；
◆叶稀疏，形似拉长的栎树叶；
◆花为淡紫色，穗状花序，一般为顶生；
◆果实由瘦果组成。

马鞭草

Verbena officinalis L.–马鞭草科

巫术的或不吉利的

小心，它让人沉睡

马鞭草的历史布满陷阱。古希腊人把马鞭草叫作“鸽子圣草”，认为存在两种“鸽子草”[Peristereon，有两种，一种为雄性马鞭草或曰马鞭草（verveine），另一种为雌性马鞭草或曰圣草（herbe sacrée）。——译注]。迪奥斯科里德斯描述说：“它茎高一肘或更高，有棱角，四周间隔生长类似栎树的叶子，不过更窄，边缘的锯齿较浅，略近青绿色，根细长。”这两种植物在黄道十二宫的吉祥植物日历上前后相邻，历史学家认为，很可能星相学家并没有植物学专业知识，因此把植物的特性弄得颠三倒四。拉丁文作家则把它叫作 veneris herba（维纳斯之草）和 verbenae（马鞭草）。不过，verbenae 同时还指一种神圣树枝，人们用它来象征性地敲击两方签署的条约。用它以及香桃木枝或橄榄枝制作的桂冠，由祭司在祭礼上佩戴。务必小心对马鞭草不同的翻译和解释。不过，这种史籍的混乱为后来的医生和史学家留下了大量的思考空间。他们认为马鞭草无疑拥有很多能力，不过主要

高卢的祭司用马鞭草预测未来、下咒和解咒。卜草师利用马鞭草的能力询问未来之事。

明亮眼睛，驱逐魔鬼

“如果你想有效地治疗眼疾，当太阳围绕无尽世界走完一圈时，把马鞭草系在患者身上，用这种办法可以阻止视力下降。如果有人打颤，取一枝马鞭草，站在他的对面，你马上就能赶跑他身上的魔鬼，它再也不会来害他了。”

引自无名氏:《草木法力符咒》(约公元60年)

在有益的家庭茶饮中，也有马鞭草的身影，在花语中它象征感情的纯洁。这样的面貌与巫术用途相去甚远。

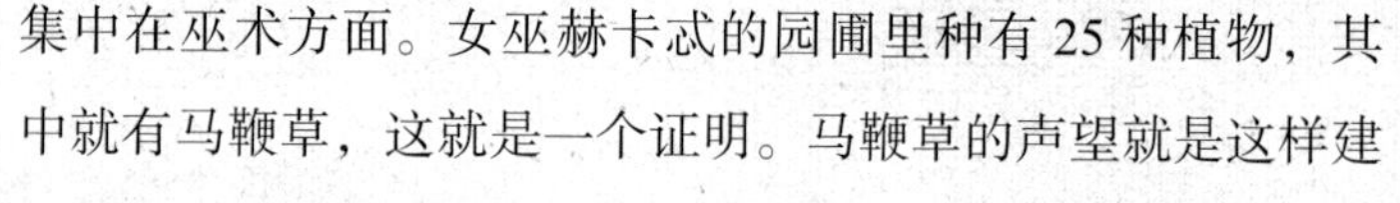
集中在巫术方面。女巫赫卡忒的园圃里种有25种植物，其中就有马鞭草，这就是一个证明。马鞭草的声望就是这样建立起来的。从此衍生出它的各种优点和功用，备受后人推崇。

盖伦写道："行房前涂抹（马鞭草）膏，它会产生刺激作用，让他们感到最热烈的快感。"普鲁塔克后来提到，"有人用马鞭草浸水浇地，他们认为这些植物会把好心情和愉快气氛带给宾客"。

虽然这些作家把马鞭草描述为一种有利于快乐和爱情的植物，不过它也会导致情侣发生争吵，碰到这样的情况，他们必须服用一杯马鞭草水，才能言归于好。马鞭草能造福也会作恶，在当时的医学著作中，这两面性随处可见。

在《巫术植物的秘密》一书中，克里斯蒂安·维拉

在中世纪，人们很容易把龙牙草和马鞭草搞混，其部分原因在于叶片形状相似。对两种植物的功用和能力的描述也混为一谈。

马鞭草作为药材

狄奥多西一世皇帝的御医马克卢斯（Marcellus）开出如下药方治疗恶性肿瘤：把一根马鞭草的根一分为二，一半佩戴在患者脖子上，另一半用壁炉进行烟熏。肿瘤会脱水变干，掉落下来。不过对于不知感恩、忘恩负义的人来说，有一件很不幸的事情，雅克·布罗斯（Jacques Brosse）写道，医生只要把剩余的马鞭草浸泡在水里，肿瘤就会再次出现。

引自马克卢斯医生治疗恶性肿瘤的药方

（Christian Vila）讲述了沃尔普吉斯和巨大马鞭草的传说。巫师和女巫在沃尔普吉斯之夜（4 月 30 日到 5 月 1 日之间）举行聚会，争夺一株巨大马鞭草的拥有权，它在这一夜长出地面，据说只要有人能背着它成功逃走，就能成为世界的主人，因为它像五年树龄的栎树一样沉重。

避免患上狂犬病

“在疯狗咬伤的部位涂抹马鞭草汁液，同时在伤口放置 13 颗或 14 颗小麦粒，直至它们吸饱毒液鼓涨变软，把它们扔给母鸡吃。如果母鸡喜欢吃，就把其他麦粒也丢给它，如果母鸡把它们都吃下去，这就是好的信号；如果母鸡不吃，就是患者不治的信号。”

引自塞克斯图斯·阿普列尤斯·巴尔巴鲁斯（Pseudo-Apulée）:《草本志》

考察有关马鞭草的无数能力的记载，有些事例并不合理，过于夸张，在各种史料中颇显突兀。然而，人们所赋予马鞭草的这些神奇能力，在历经了黑暗的中世纪（它既能驱逐魔鬼，也能引来魔鬼）、文艺复兴时期后，在农村地区一直流传到了 19 世纪。过去认为它可治疗和防止脱发，治疗头痛、结石、发烧、癫痫、坐骨神经痛，然而现在的植物疗法已不再使用马鞭草，我们已经不再相信古人赋予它的种种不可思议的能力。不过，现在仍然承认它具有退热、利尿、助消化的功能，通常与别的草药一同使用。而且至今仍然有很多作家把它与橙香木（Aloysia citriodora）相混淆，后者原产于秘鲁，18 世纪引进到欧洲。

现在马鞭草仍然保留着一些神奇事迹的遗风，人们不是把马鞭草叫作巫师草或魔法草吗？

在普罗旺斯，它俗称“奇迹草”。

作者简介

利昂内尔·伊纳尔，1951年生于叙雷讷。他在巴黎学习了一年电影，然后转入生态学专业，1983年起投身于环境教育，与教育界合作，开发有关城市树木、遗产和景观等内容的教学工具。

他酷爱植物史，1995年首次出版专著《朴树、意大利松和“桉树”》。参与编写《图卢兹词典》。迄今已出版20余部著作，包括《奇幻植物志》和《臭味植物、放气植物和有刺植物》。

从蒙彼利埃保罗·瓦勒里大学毕业后，他主持了15年写作工作室的工作。多年来参加多个文学奖评审委员会（米雷青年作家奖和努加罗文学奖）。他还执导多部纪录短片，创作了两部有关奇幻植物的剧目。2012年荣获南部-比利牛斯大区文学奖。

图书在版编目 (CIP) 数据

巫术植物 /（法）利昂内尔·伊纳尔 (Lionel Hignard) 著；张之简译. — 北京：生活·读书·新知三联书店，2019.1
（植物文化史）
ISBN 978-7-108-06180-5

Ⅰ. ①巫… Ⅱ. ①利… ②张… Ⅲ. ①植物－普及读物 Ⅳ. ① Q94-49

中国版本图书馆 CIP 数据核字 (2018) 第 017019 号

策划编辑　张艳华
责任编辑　徐国强
装帧设计　张　红
责任校对　张　睿
责任印制　徐　方
出版发行　生活·讀書·新知 三联书店
（北京市东城区美术馆东街22号　100010）
经　　销　新华书店
图　　字　01-2017-5921
网　　址　www.sdxjpc.com
排版制作　北京红方众文科技咨询有限责任公司
印　　刷　北京图文天地制版印刷有限公司
版　　次　2019年1月北京第1版
2019年1月北京第1次印刷
开　　本　720毫米×1000毫米　1/16　印张 11
字　　数　146千字　图225幅
印　　数　0,001-8,000册
定　　价　68.00元

（印装查询：010-64002715；邮购查询：010-84010542）